杰出电工系列丛书

全面图解家装水电暖

王学屯 编著

电子工业出版社
Publishing House of Electronics Industry
北京·BEIJING

内 容 简 介

本书为"杰出电工系列"丛书之一,全书共分 12 章。本书从实际操作的角度出发,以"打造轻松的学习环境,精炼简易的图解、视频教学"为目标,以"简练的文字+精美的图片+现场操练"的方式把理论和实践有机结合地呈现给读者。

本书适合作为爱好家装电工的初、中级读者的自学参考书,也可作为农村电工、职业院校或相关技能培训机构的教材;同时,也适合准备装修,希望了解家装知识,从而合理规划电路、水路、暖路,合理选择家装材料的读者。

未经许可,不得以任何方式复制或抄袭本书之部分或全部内容。
版权所有,侵权必究。

图书在版编目(CIP)数据

全面图解家装水电暖/王学屯编著. —北京:电子工业出版社,2019.7
(杰出电工系列丛书)
ISBN 978-7-121-36641-3

Ⅰ. ①全… Ⅱ. ①王… Ⅲ. ①电工-图解②水暖工-图解 Ⅳ. ①TM-64②TU832-64

中国版本图书馆 CIP 数据核字(2019)第 100580 号

策划编辑:李树林
责任编辑:赵 娜
印　　刷:三河市君旺印务有限公司
装　　订:三河市君旺印务有限公司
出版发行:电子工业出版社
　　　　　北京市海淀区万寿路 173 信箱　邮编 100036
开　　本:787×1 092　1/16　印张:14.75　字数:378 千字
版　　次:2019 年 7 月第 1 版
印　　次:2019 年 7 月第 1 次印刷
定　　价:59.00 元

凡所购买电子工业出版社图书有缺损问题,请向购买书店调换。若书店售缺,请与本社发行部联系,联系及邮购电话:(010)88254888,88258888。
质量投诉请发邮件至 zlts@phei.com.cn,盗版侵权举报请发邮件至 dbqq@phei.com.cn。
本书咨询联系方式:(010)88254463,lisl@phei.com.cn。

FOREWORD 前言

随着我国城市现代化的飞速发展，房地产业非常火爆，家装是由房地产业衍生出来的新兴行业，其中，家装电工融入了现代化建筑、多功能居民小区的管理理念。正因为有这样的需求推动，房屋电、水、暖的装修是一个庞大的市场。然而，纵观目前图书市场关于家装电工方面的书籍少之又少，在这少有的几本书中，也是理论多于实战。

从开始搜集资料到走访施工现场，作者亲自深入施工现场一月有余，看图纸、拍照片，与一线工人同吃同干，觅得第一手真实的现场资料。

本书为"杰出电工系列"丛书之一，全书共分12章。

本书从实际操作的角度出发，以"打造轻松的学习环境，精炼简易的图解、视频教学"为目标，以"简练的文字+精美的图片+现场操练"的方式把理论和实践有机结合地呈现给读者。具体来说，本书有以下特点。

（1）通俗易懂。文字叙述较为简练，且着重技能方法的操作，减小了读者的学习难度；强调知识点为"专业技能"服务，以提高初学者的学习兴趣和解决实际问题的能力。

（2）以大量的图片来代替文字描述。为了使概念解释及理解通俗化，书中配有大量精美的图片及实物照片，使可读性及认知性增强。

（3）现场操练实情实景。全书的操作介绍为现场操练形式，就像师傅亲身指导一样，步骤详细，可达到举一反三的效果。

本书适合作为爱好家装电工的初、中级读者的自学参考书，也可作为农村电工、职业院校或相关技能培训机构的教材；同时，也适合准备装修，希望了解家装知识，从而合理规划电路、水路、暖路，合理选择家装材料的读者。

全书主要由王学屯编写，参加编写的还有高选梅、王娶敏、刘军朝等。在本书的编写过程中参考了大量的文献，书后参考文献中只列出了其中一部分，在此对这些文献的作者深表谢意！

由于编著者水平有限，且时间仓促，本书难免有错误和不妥之处，恳请各位读者批评指正，以便使之日臻完善，在此表示感谢。

编著者

CONTENTS 目录

第1章 家装电工必知基本常识 ... 1
- 1.1 电路基本常识 ... 1
  - 1.1.1 电路、电路图 ... 1
  - 1.1.2 电路的工作状态 ... 2
- 1.2 从安全家装电工做起 ... 3
  - 1.2.1 工作环境中的安全 ... 3
  - 1.2.2 人体触电的种类和方式 ... 6
  - 1.2.3 电流伤害人体的因素 ... 7
  - 1.2.4 安全电压值 ... 8
- 1.3 供电系统的接地与电击防护 ... 8
  - 1.3.1 供电系统接地形式 ... 9
  - 1.3.2 电击防护措施 ... 11

第2章 家装水电暖工必备工具 ... 13
- 2.1 常用工具及其使用 ... 13
  - 2.1.1 螺钉旋具 ... 13
  - 2.1.2 扳手工具 ... 14
  - 2.1.3 剪切工具 ... 15
  - 2.1.4 电工刀 ... 18
  - 2.1.5 电锤、电钻 ... 19
  - 2.1.6 手提式切割机 ... 19
  - 2.1.7 导线压线钳 ... 19
- 2.2 其他工具及其使用 ... 21
  - 2.2.1 尺子类 ... 21
  - 2.2.2 墨斗、吊线锤 ... 21
  - 2.2.3 打压机 ... 21
  - 2.2.4 锤子、凿子 ... 22
  - 2.2.5 弯管器、穿线器 ... 23
  - 2.2.6 梯子 ... 23

第3章 家装电工常用测量仪表及使用 ... 26

3.1 指针式万用表的使用 ... 26
3.1.1 MF47型万用表的结构 ... 26
3.1.2 用指针式万用表测量电阻 ... 27
3.1.3 用指针式万用表测量直流电压 ... 29
3.1.4 用指针式万用表测量交流电压 ... 29
3.1.5 用指针式万用表测量直流电流 ... 30

3.2 数字式万用表的使用 ... 31

3.3 兆欧表的使用 ... 32
3.3.1 手摇兆欧表的结构和校表 ... 32
3.3.2 手摇兆欧表的基本使用方法 ... 33
3.3.3 手摇兆欧表测量实例 ... 34

3.4 钳形电流表的使用 ... 35
3.4.1 钳形电流表的结构和分类 ... 35
3.4.2 钳形电流表的使用方法 ... 35

3.5 试电笔 ... 36

第4章 配电设备选用及配电线路规划、安装 ... 37

4.1 漏电保护器选用及其安装要求 ... 37
4.1.1 漏电保护器简介 ... 37
4.1.2 漏电保护器选用 ... 38
4.1.3 漏电保护器在不同系统中的接线方法 ... 39
4.1.4 漏电保护器的安装要求 ... 40

4.2 开关、插座的分类、要求及其选用 ... 41
4.2.1 开关、插座的分类 ... 41
4.2.2 开关、插座安装的相关标准和要求 ... 43
4.2.3 开关、插座的选用方法 ... 45

4.3 电度表简介及其接线方式 ... 47
4.3.1 电度表的分类 ... 47
4.3.2 单相有功电度表的接线方式 ... 48
4.3.3 三相有功电度表的接线方式 ... 49
4.3.4 电度表的安装技术要求 ... 50

4.4 低压空气开关的选用及其安装要求 ... 51
4.4.1 低压空气开关简介 ... 51
4.4.2 断路器的分类及其图形符号 ... 52
4.4.3 断路器的选用 ... 53
4.4.4 断路器的安装要求 ... 53

4.5 户内配电箱 ... 54
4.5.1 户内配电箱简介 ... 54

4.5.2　户内配电箱安装的基本要求 ·· 55
　　　4.5.3　配电箱安装的一般规定 ··· 56
　4.6　家庭常用配电方式 ··· 56
　　　4.6.1　照明配电网络的基本接线方式 ·· 56
　　　4.6.2　照明配电网络的典型接线方式 ·· 57
　　　4.6.3　识读小户型住宅内的配电电路 ·· 58

第5章　常用基本技能和工艺 ··· 59

　5.1　导线绝缘层的剥离方法 ·· 59
　　　5.1.1　剥线钳剥线 ·· 59
　　　5.1.2　电工刀剥线 ·· 60
　5.2　导线与导线的连接 ··· 60
　　　5.2.1　单股铜芯导线的连接 ··· 60
　　　5.2.2　多股导线的连接 ··· 62
　5.3　导线与接线端子的连接 ·· 63
　5.4　导线连接后的绝缘处理 ·· 64
　　　5.4.1　专用绝缘带包扎 ··· 64
　　　5.4.2　压线帽包扎 ·· 65
　5.5　灯开关的接线技术及灯电路 ·· 66
　　　5.5.1　一开开关的接线 ··· 66
　　　5.5.2　一开双控开关的接线（两开关控制一盏灯） ······························ 68
　　　5.5.3　二开开关的接线 ··· 68
　　　5.5.4　三开单控开关的接线 ··· 70
　　　5.5.5　四开单控开关的接线 ··· 71
　　　5.5.6　多路控制楼道灯电路（一） ··· 72
　　　5.5.7　多路控制楼道灯电路（二） ··· 74

第6章　照明灯具 ··· 75

　6.1　家装常见灯具 ·· 75
　　　6.1.1　白炽灯 ·· 75
　　　6.1.2　日光灯 ·· 76
　　　6.1.3　LED灯 ·· 79
　6.2　家装电光源常用术语 ··· 80
　6.3　家装灯具的分类 ··· 81
　6.4　家装灯具的选用 ··· 82

第7章　家装水电暖工识图 ·· 84

　7.1　家装电气工程图 ··· 84
　　　7.1.1　电气工程图中的图形符号及文字符号 ······································ 84
　　　7.1.2　连接线的基本表示方法 ·· 87

  7.1.3 电气设备的标注方式 ·············· 89
 7.2 识读家装电气图纸 ················· 90
  7.2.1 常用的家装电气工程图 ············ 90
  7.2.2 照明接线的两种表示方法 ··········· 94
  7.2.3 识读家装电气图纸的方法 ··········· 97
  7.2.4 识读两室一厅住宅照明电路图 ········ 98
  7.2.5 识读某住宅插座电路图 ············ 99
  7.2.6 识读某单元照明平面图 ············ 100
  7.2.7 模拟照明走顶、走地布线图 ·········· 101
  7.2.8 识读办公实验楼插座、照明工程图 ······ 101
 7.3 给水排水工程图 ·················· 111
  7.3.1 水暖工程图识读基本知识 ··········· 111
  7.3.2 室内给水排水平面图的识读 ·········· 115
  7.3.3 室内给水排水系统图的识读 ·········· 115
  7.3.4 蹲便器安装详图的识读 ············ 116
 7.4 采暖工程图识读要点 ················ 117

第8章 室内暗装布线 ················· 119

 8.1 室内线路安装的基本知识及其遵循的原则 ······ 119
 8.2 室内暗装布线安装流程 ··············· 120
  8.2.1 强电线材及其选用 ·············· 120
  8.2.2 弱电线材 ·················· 123
  8.2.3 耗材预算与采购 ··············· 127
  8.2.4 识图、放样定位 ··············· 128
  8.2.5 开槽 ···················· 129
  8.2.6 安装底盒 ·················· 130
  8.2.7 布线管 ··················· 133
  8.2.8 穿线 ···················· 137
  8.2.9 安装用户配电箱 ··············· 143
  8.2.10 检查线路、绘制图纸 ············ 145
  8.2.11 填补管槽 ················· 146
 8.3 安装插座、开关面板 ················ 147
  8.3.1 工艺流程 ·················· 147
  8.3.2 盘线 ···················· 148
  8.3.3 正确接线 ·················· 148
  8.3.4 包扎、固定面板 ··············· 150
  8.3.5 有线电视、网线插座的安装 ·········· 153
 8.4 照明灯具的安装 ·················· 155
  8.4.1 照明灯具的安装要求 ············· 155
  8.4.2 白炽灯的安装 ················ 156

  8.4.3 吸顶灯的安装 ……………………………………………………………… 157
  8.4.4 射灯的安装 ………………………………………………………………… 158

第9章 室内明装布线 ……………………………………………………………………… 160

 9.1 室内明装线槽布线 …………………………………………………………………… 160
  9.1.1 塑料、金属线槽简介 …………………………………………………… 160
  9.1.2 线槽布线定位 …………………………………………………………… 161
 9.2 塑料线槽安装 ………………………………………………………………………… 162
 9.3 金属线槽安装 ………………………………………………………………………… 166
  9.3.1 常见的金属线槽及其附件 ……………………………………………… 166
  9.3.2 桥架吊装的几种方法 …………………………………………………… 168

第10章 家装水暖常用管材、管件 ………………………………………………………… 176

 10.1 水暖管材的特点与种类 …………………………………………………………… 176
  10.1.1 给水管材及管件 ………………………………………………………… 176
  10.1.2 排水管材及管件 ………………………………………………………… 178
  10.1.3 地暖管材 ………………………………………………………………… 179
 10.2 管材的连接 ………………………………………………………………………… 180
  10.2.1 给水管材的连接 ………………………………………………………… 180
  10.2.2 排水管材的连接 ………………………………………………………… 183

第11章 水管管道及其附属器件的安装 …………………………………………………… 185

 11.1 给水管道的布管方式 ……………………………………………………………… 185
  11.1.1 室内给水的几种方式 …………………………………………………… 185
  11.1.2 室内给水水管的布管方式 ……………………………………………… 188
  11.1.3 常用洁具安装高度及其注意事项 ……………………………………… 190
 11.2 家装给水水管布管流程工艺 ……………………………………………………… 192
  11.2.1 规划、放样、弹线定位工艺 …………………………………………… 192
  11.2.2 开槽工艺 ………………………………………………………………… 193
  11.2.3 布管工艺 ………………………………………………………………… 193
  11.2.4 管路封槽 ………………………………………………………………… 196
 11.3 水龙头的安装 ……………………………………………………………………… 197
  11.3.1 水龙头的分类及规格 …………………………………………………… 197
  11.3.2 水龙头的安装工艺 ……………………………………………………… 198
 11.4 卫生洁具的安装 …………………………………………………………………… 198
  11.4.1 卫生洁具的种类 ………………………………………………………… 198
  11.4.2 坐式马桶的安装 ………………………………………………………… 199

第12章 家装供暖工程 …………………………………………………………………………… 204

 12.1 室内采暖系统的种类 ……………………………………………………………… 204
 12.2 地暖的辅材、配件 ………………………………………………………………… 204

  12.2.1 地暖的特点 ……………………………………………………………… 204
  12.2.2 常用辅材及配件 ………………………………………………………… 205
  12.2.3 分水器 …………………………………………………………………… 207
 12.3 隔热板地暖布管流程工艺 …………………………………………………… 209
  12.3.1 准备工作 ………………………………………………………………… 209
  12.3.2 铺设隔热板 ……………………………………………………………… 210
  12.3.3 铺设反光膜 ……………………………………………………………… 212
  12.3.4 安装分水器 ……………………………………………………………… 213
  12.3.5 布管工艺 ………………………………………………………………… 215
  12.3.6 打压工艺 ………………………………………………………………… 221
  12.3.7 水泥、砂浆回填 ………………………………………………………… 223
 12.4 模块地暖布管流程工艺 ……………………………………………………… 224

参考文献 ……………………………………………………………………………… 226

第 1 章

家装电工必知基本常识

1.1 电路基本常识

1.1.1 电路、电路图

1. 电路组成

行人与车辆所走的路称为道路；水流所通过的渠道称为水路；火车所行驶的道路称为铁路；同理，我们把电流所通过的路径称为电路。

电路示意图如图 1-1 所示，通过开关用导线将干电池与小灯泡连接起来，当闭合开关时，电流就流过导线，使小灯泡点亮。

任何一个完整的实际电路，总是由电源、负载、导线及开关 4 个基本部分组成的。

（1）电源：电源为电路提供电压，使导线中的自由电子移动，其作用是把其他形式的能量转化为电能。常用的电源有两种：直流电源（DC）和交流电源（AC），如图 1-2 所示。任何使用直流电源的电路都是直流电路，任何使用交流电源的电路都是交流电路。

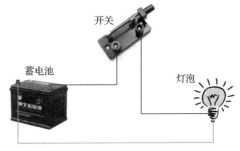

图 1-1 电路示意图

(a) 直流电源　　　　　　　　　　　　　　(b) 交流电源

图 1-2 常用的两种电源

（2）负载：各种用电设备的通称。其作用是将电能转化为其他形式的能量，如电灯泡、电风扇、电动机、电加热器等。

（3）导线：连接电源和负载，输送和分配电能。常用的导线是铜线和铝线，在弱电中（印制线路板）常用印制铜箔作为导线。

（4）开关：控制电路的导通（ON）和断开（OFF）。常用的有闸刀开关、拉线开关、按钮开关、拨动开关、空气开关等，在弱电中常采用电子开关来替代机械性开关。

2. 电路符号

电路可以用电器的原形来表示，但画起来太麻烦了。为便于分析和研究电路，用统一规定的图形符号来代替实物，这些符号各国都有相应的规定。常见元件图形符号见表1-1。

表1-1 常见元件图形符号

名 称	图形符号	名 称	图形符号	名 称	图形符号
开关	─/─	电阻	─□─	电感	─∽∽─
电容器	─╢├─	灯泡	─⊗─	熔断器	─▭─
电池	─╢├─	不连接线	─┼─	连接导线	─•─
接地	⏚	电流表	─Ⓐ─	电压表	─Ⓥ─

3. 电路图模型

从道路的交通图想到电路图，实际的电路是由实际电子设备与电子连接设备组成的，这些设备的电磁性质较复杂，分析起来较难。如果将实际元件理想化，在一定条件下突出其主要电磁性质，忽略其次要性质，这样的元件所组成的电路称为实际电路的电路模型（简称电路）。于是，图1-1所示的实物图就可以画为图1-3（b）所示的电路图。不要小看这个简单的电路图，因为一切电路图都可以用它来等效。

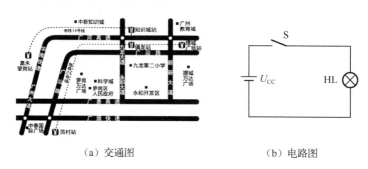

（a）交通图　　　　　　　（b）电路图

图1-3 从道路的交通图想到电路图

1.1.2 电路的工作状态

一个电路工作得正常与否，可以用电路的工作状态来表示，电路的状态一般有3种：通路、断路和短路。

实际电路如图1-4（a）所示，等效电路图如图1-4（b）所示。下面就以这个等效电路图来分析电路的3种状态。

图 1-4　实际电路与等效电路图

1. 通路

通路又称为闭路，就是电路工作在正常状态，电路工作正常状态就表示其电压、电流和功率是符合电路设计要求的。

电路通路的条件如下：

（1）有正常的电源电压；

（2）正确的操作方法（例如，打开电源开关等）；

（3）参与电路的所有元器件没有损坏或性能不良；

（4）各种电气设备的电压、电流、功率等不能超过额定值。

2. 断路

断路又称为开路，就是电路有断开的现象，电路中无电流流过，因此也称为空载状态。断路不仅仅是开关没有打开，参与电路的任何元器件都有可能产生断路现象（包括有接触不良等）。

3. 短路

短路是指电路中的某个或某几个元器件击穿或连接线（或电路板的铜箔）相连了，此时，电路中电流过大，对电源来说属于严重过载，导致烧坏电源或其他元器件（设备）。所以，通常要在电路中安装熔断器（熔丝或保险管）等保护装置，严防电路发生意外短路。

1.2　从安全家装电工做起

1.2.1　工作环境中的安全

对任何工作而言，安全应当是首位的。权威机构统计显示：有90%的事故是可以避免的。这就说明，我们在工作中是有较大空间可以避免事故发生的，每一个工作者都可以在降低事故率上发挥自己的能力。在各种事故中，因个人错误操作等导致的占据总事故量的80%以上，采用材料疏忽导致的事故仅占总事故的15%左右。

凡是与"电"有关的工作，都有大量的潜在危险的地方。正因为如此，安全问题成为工作环境中的首要问题。因此，国家有关机构和强制安全的相关单位制定了有关规章、措施或方针，我们要严格遵守这些事故预防的标志，如图1-5所示。

图 1-5　事故预防标志

1. 电工的自我保护

所谓自我保护，是指在严格遵守《电业安全工作规程》和执行集体安全作业措施的前提下，在个人作业的范围内确保自身的安全。

1）家装电工安全服装

家装电工安全服装如图 1-6 所示。

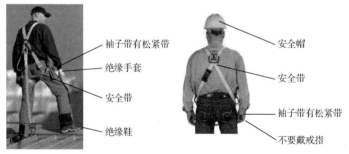

图 1-6　家装电工安全服装示意图

（1）安全帽、绝缘鞋和护目镜必须根据一定的工作要求来穿着。
（2）在嘈杂的环境中工作时要戴上安全耳套。

(3) 当在带电电路上工作时,应摘掉所有金属类首饰。

(4) 在靠近机器工作时,不要留长发或必须束起长发。

2) 家装电工保护设备

每个家装电工都需要熟悉每种不同的保护设备的安全标准,要确保电工保护设备可以真正地按照设计要求起到保护作用。电工保护设备包括以下几种。

(1) 防护面罩。防护面罩的主要作用是保护头部、脸部和眼睛等部位。在电工操作中可以防止电弧、电射线或小飞虫、高空坠物砸伤人或引起的电爆炸等。防护面罩结构如图1-7所示。

(2) 橡胶保护设备。橡胶保护设备主要有橡胶手套、橡胶垫、橡胶鞋等,如图1-8所示。橡胶保护设备的主要作用是防止操作人员的皮肤直接接触带电电路。

图1-7 防护面罩

橡胶手套　　　　橡胶垫　　　　　橡胶鞋

图1-8 橡胶保护设备

2. 家装电工的安全操作

(1) 检修电路时,应穿绝缘性能良好的胶鞋,不可赤脚或穿潮湿的布鞋;脚下应垫干燥的木板或站在木凳上;身上不可穿潮湿的衣服(如汗水渗透的衣服)。

(2) 在建筑物顶部工作时,应先检查建筑物是否牢固,以防止滑跌、踏空、材料拆断而发生坠落伤人事故。

(3) 无论是带电还是停电作业,因故暂停作业再恢复工作时,都应重新检查安全措施,确认无误后再继续工作。

(4) 移动设备时,应先停电后移动,严禁带电移动电气设备。将电动机、有金属外壳的电气设备移到新位置后,应先装好地线再接电源,经检查无误后,才能通电使用。

(5) 禁止在导线、电动工具和其他电气设备上放置衣物、雨具等。电气设备附近禁止放置易燃易爆品。

(6) 禁止使用有故障的设备。设备发生故障后应立即排除。

(7) 禁止越级乱装熔体。装在电气线路上的熔体有前后级之分,只有前级熔体的额定电流大于后级熔体的额定电流,才能起到保护作用,才能有效地防止发生事故。如果在不了解用电线路整体保护装置的情况下乱装熔体,就可能造成前级熔体的额定电流小于后级,熔体就会越级熔断(即前级熔体在线路非故障电流下也熔断)。这不仅会增加维修困难,而且会扩大停电范围,造成不必要的损失。前级和后级的区分方法如下:干线上的熔体为前级,分支线上的熔体为后级(如总配电装置上的熔体为前级,电度分表配电装置上的熔体为后级);电力设备分支线上的熔体为前级,设备控制板(箱)上的熔体为后级。

(8) 不同型号的电器产品不可盲目互换和代用。

(9) 在不能站立的顶棚、天花板上工作时,应使用手电筒或蓄电瓶照明。在梁与梁之间配线时，应临时使用较厚的长板条搭桥，必要时应拴好安全带才可工作。

（10）要养成好的习惯，做到人走断电，停电断开关，触摸壳体用手背，维护检查要断电，断电要有明显断开点。

（11）遇有电器着火，应先切断电源再救火。

1.2.2 人体触电的种类和方式

1. 人体触电的种类

人体触电有电击和电伤两类。

电击是指电流通过人体时所产生的内伤。它可使肌肉抽搐、内部组织损伤，造成发热、发麻、神经麻痹等。严重时将引起昏迷、窒息甚至心脏停止跳动、血液循环终止而死亡。通常说的触电，多是指电击。触电死亡中绝大部分是电击造成的。

电伤是在电流的热效应、化学效应、机械效应及电流本身作用下造成的人体外伤。常见的有灼伤、烙伤和皮肤金属化等现象。

灼伤是由电流的热效应引起的，主要是指电弧灼伤，造成皮肤红肿、烧焦或皮下组织损伤；烙伤也是由电流热效应引起的，是指皮肤被电气发热部分烫伤或由于人体与带电体紧密接触而留下肿块、硬块，使皮肤变色等；皮肤金属化则是指用电流热效应和化学效应导致熔化的金属微粒渗入皮肤表层，使受伤皮肤带金属颜色且留下硬块。

2. 人体触电的方式

1）单相触电

人体的一部分接触带电体的同时，另一部分又与大地或零线（中性线）相接，电流从带电体流经人体到大地（或零线）形成回路，这种触电称为单相触电，如图1-9所示。

单相触电对人体所产生的危害程度与电压的高低、电网中性点的接地发生等因素有关。在中性点接地的电网中，发生单相触电时，在电网的相电压之下，电流由相线经触电人的身体、大地和接地配置形成通路。在中性点不接地的电网中，发生单相触电时，人体处在线电压作用下（电流经过其他两相线、对地电容、人体形成闭合回路），此时通过人体的电流与系统电压、人体电阻和线路对地电容等因素有关。当线路较短，对地电容电流较小，人体电阻又较大时，其危险性可能不大；但若线路长，对地电容又大，则可能发生危险。

2）两相触电

人体的不同部位同时接触两相电源带电体而引起的触电称为两相触电。如图1-10所示，对于这种情况，无论电网中性点是否接地，所承受的线电压都将比单相触电时要高，危险性更大。

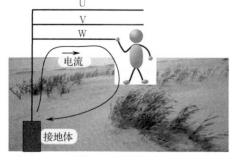

图1-9 单相触电

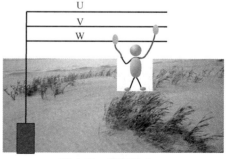

图1-10 两相触电

3）跨步电压触电

雷电流入地时，或载流电力线（特别是高压线）断落到地时，会在导线接地点及周围形成强电场。其电位分布以接地点为圆心向四周扩散，逐步降低，在不同位置形成电位差（电压），人、畜跨进这个区域，两脚之间将存在电压，该电压称为跨步电压。在这种电压作用下，电流从接触高电位的脚流进，从接触低电位的脚流出，这就是跨步电压触电，如图 1-11 所示。如果遇到这种危险，应合拢双脚跳离接地处 20m 之外，以保障人身安全。

4）接触电压触电

当电气设备某相的接地电流流过接地装置时，在其周围的大地表面和设备外壳上将形成分布电位，此时如果人

图 1-11　跨步电压触电

站在距离外壳水平距离为 0.8m 处的地面上，并且手触及外壳（约 1.8m 高）时，则在人的手和脚之间必将形成一个电位差，当此电位差超过人体允许的安全电压时，人体就会触电，通常称此种触电为接触电压触电。

为防止接触电压触电，在电网设计中常需要采取一些有效措施来降低接触电压。

1.2.3　电流伤害人体的因素

人体对电流的反应非常敏感，下面简要介绍触电时电流对人体的伤害程度。

触电时，流过人体的电流强度是造成损害的直接因素。大量实践证明，通过人体的电流越大，对人体的损伤越严重。

当通过人体的电流超过 25mA 或直流超过 80mA 时，会使人感觉麻疼或剧疼，呼吸困难，自己不能摆脱电源，会有生命危险。

随着通过人体电流的增加，当有 100mA 的电流通过人体时，很短时间就会使人呼吸窒息、心脏停止跳动、失去知觉，出现生命危险。一般来说，任何大于 5mA 的电流通过人身体都被认为是危险的。电流强度对人体的影响如图 1-12 所示。

一般电流对人体的影响如下。

（1）感知电流：在一定概率下，通过人体引起人的任何感觉的最小电流称为感知电流，如轻微针刺、发麻。实验表明，成年男性平均感知电流的有效值约为 1.1mA，成年女性约为 0.7mA。

（2）摆脱电流：人触电后能自行摆脱带电体的最大电流。一般成年男性平均摆脱电流约为 16mA，成年女性约为 10.5mA；最低成年男性的摆脱电流为 9mA，成年女性为 6mA。

（3）室颤电流：通过人体引起心室发生纤维性颤动的最小电流。一般人体所能忍受的安全电流约为 30mA，接触 30mA 以下的电流通常不会有生命危险。电流达到 50mA 以上，就会引起心室颤动，会有生命危险，100mA 以上的电流，则足以致死。

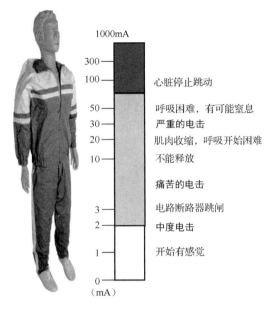

图 1-12　电流强度对人体的影响

1.2.4　安全电压值

人体与电接触时，对人体各部组织（如皮肤、心脏、呼吸器官和神经系统）不会造成任何损害的电压称为安全电压。

各国对安全电压值的规定有所不同，如荷兰和瑞典为 24V；美国为 40V；法国交流为 24V，直流为 50V；波兰、瑞士为 50V 等。

我国有关标准规定，12V、24V 和 36V 三个电压等级为安全电压级别，不同场所选用安全电压机制不同。

在湿度大、狭窄、行动不便、周围有大面积接地导体的场所使用的手提照明灯，应采用 12V 安全电压。

凡手提照明器具，在危险环境、特别危险环境的局部照明灯，高度不足 2.5m 的一般照明灯，携带式电动工具等，若无特殊的安全防护或安全措施，均应采用 24V 或 36V 安全电压。

安全电压的规定是从总体上考虑的，对于某些特殊情况或某些人也不一定绝对安全。是否安全与人的现场状况、触电时间长短、工作环境、人与带电体的接触面积和接触压力等都有关系。所以，即使在规定的安全电压下工作，也不可粗心大意。

1.3　供电系统的接地与电击防护

在家装中，使用最多的是 380/220V 的低压配电系统。从安全用电等方面考虑，低压配电系统有 3 种接地形式：IT 系统、TT 系统、TN 系统。TN 系统又分为 TN-S 系统、TN-C 系统、TN-C-S 系统 3 种形式。

1.3.1 供电系统接地形式

1. IT 系统

IT 系统就是电源中性点不接地,用电设备外壳直接接地的系统,如图 1-13 所示。IT 系统中连接设备外壳可导电部分和接地体的导线,就是 PE 线。

2. TT 系统

TT 系统就是电源中性点直接接地,用电设备外壳也直接接地的系统,如图 1-14 所示。通常将电源中性点的接地称为工作接地,而将设备外壳接地称为保护接地。在 TT 系统中,这两个接地必须是相互独立的。设备接地可以是每一设备都有各自独立的接地装置,也可以若干设备共用一个接地装置,图 1-14 中单相设备和单相插座就是公用接地装置。我国 TT 系统主要用于城市公共配电网和农村电网。

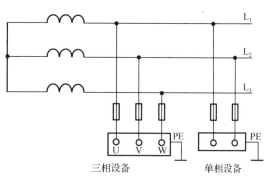

图 1-13 IT 系统

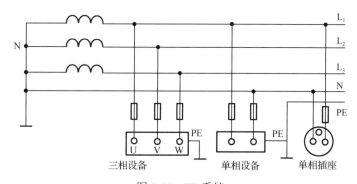

图 1-14 TT 系统

3. TN 系统

TN 系统即电源中性点直接接地,设备外壳等可导电部分与电源中性点有直接电气连接的系统,它有 3 种形式。

1) TN-S 系统

TN-S 系统如图 1-15 所示。图中中性线 N 与 TT 系统相同,在电源中性点工作接地,而用电设备外壳等可导电部分通过专门设置的保护线 PE 连接到电源中性点上。在这种系统中,中性线和保护线是分开的,这就是 TN-S 中"S"的含义。TN-S 系统最大的特征是 N 线与 PE 线在系统中性点分开后,不能再有任何电气连接。TN-S 系统是我国现在应用最为广泛的一种系统。

2) TN-C 系统

TN-C 系统如图 1-16 所示。它将 PE 线和 N 线的功能综合起来,由一根保护中性线 PE 同时承担保护和中性线的功能。在用电设备处,PEN 线既连接到负荷中性点上,又连接到设备外壳等可导电部分。

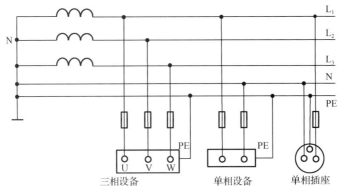

图 1-15 TN-S 系统

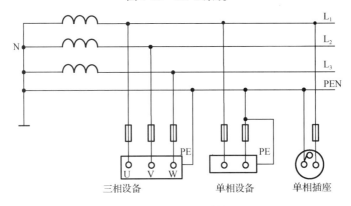

图 1-16 TN-C 系统

TN-C 现在已很少采用，尤其是在民用配电中已基本上不允许采用 TN-C 系统。

3）NT-C-S 系统

NT-C-S 系统是 NT-C 系统和 NT-S 系统的结合形式，如图 1-17 所示。NT-C-S 系统中，从电源出来的那一段采用 NT-C 系统，只起电能的传输作用，到用电负荷附近某一点处，将 PEN 线分成单独的 N 线和 PE 线，从这一点开始，系统相当于 TN-S 系统。NT-C-S 系统也是现在应用比较广泛的一种系统。这里采用了重复接地这一技术。

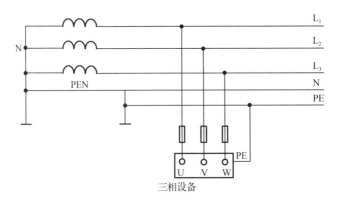

图 1-17 NT-C-S 系统

1.3.2 电击防护措施

为降低因绝缘体破坏而遭到电击的危险,对于不同的低压配电系统形式,电气设备常采用工作接地、保护接地、保护接零、重复接地和等电位连接等不同的安全措施。

1. 工作接地

为保证电气设备的安全运行,将电力系统中的某些点接地,称为工作接地。如电力变压器和互感器的中性点接地等,都属于工作接地,如图 1-18 所示,变压器的三相绕组星形连接的公共点是中性点,从中性点引出的零线(中性线)有用作单相电线和电气设备安全保护的双重作用。在三相四线制低压电力系统中,采用工作接地的优点很多。例如,将变压器低压侧中性点接地,可避免当电力变压器高压侧线圈绝缘体损坏而使低压侧对地电压升高,从而保证人身和设备的安全。同时,在三相负载不平衡时能防止中性点位移,从而避免三相电压不平衡。此外,还可采用接零保护,在三相负荷不平衡时切断电源,避免其他两相对地电压升高。

2. 保护接地

将电气设备带电部分相绝缘的金属外壳和架构通过接地装置同大地连接起来,称为保护接地,如图 1-19 所示。保护接地常用在 IT 低压配电系统和 TT 低压配电系统的形式中。

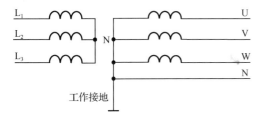

图 1-18 工作接地

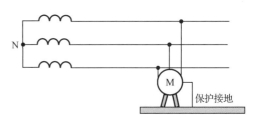

图 1-19 保护接地

保护接地可有效防止发生触电事故,保障人身安全。当电气设备绝缘体损坏,相线碰壳时,设备外壳带电,人体触及就有触电的危险。如果电气设备外壳有了保护接地,电流同时流经接地体和人体。在并联电路中,电流与电阻大小成反比,接地电阻越小,通过的电流越大,流经人体的电流就越小。通常接地电阻都小于 4Ω,而人体电阻一般在 1000Ω 以上,比接地电阻大得多,所以,流经人体的电流很小,不致有触电危险。

3. 保护接零

将电气设备的金属外壳及金属支架与零线用导线连接起来,称为保护接零。在 380/220V 三相四线制中性点直接接地的电网中广泛采用保护接零。当电气设备绝缘体损坏造成单相碰壳时,设备外壳对地电压为相电压,人体触及将发生严重的触电事故。采用保护接零后,碰壳相电流经零线形成单相闭合回路,如图 1-20 所示。由于零线电阻较小,短路电流较大,使熔丝或断路器等短路保护装置在短时间内动作,切断故障设备的电源,从而避免了触电。

必须注意的是,保护接零和保护接地的保护原理是不相同的,保护接地是限制漏电设备外壳对地电压,使其不超过允许的安全范围;而保护接零是通过零线使漏电电流形成单相短路,引起保护装置动作,从而切断故障设备的电源。注意,在同一台变压器的供电系统中,保护接零和保护接地不能混用,不允许一部分设备采用保护接零,而另一部分设备采用保护接地，因为当采取保护接地的设备中一相遇外壳接触时，会使电源中性线出现对地电压，使接零的设备产生对地电压，造成更多的触电机会。

4. 重复接地

在三相四线制保护接零电网中，除变压器中性点的工作接地之外，在零线上一点或多点与接地装置连接，称为重复接地，如图1-21所示。

在多线设备相线碰壳短路接地时，能降低零线的对地电压，缩短保护装置的动作时间。在没有重复接地的保护接零系统中，当电气设备单相碰壳时，在短路到保护装置动作切断电源的这段时间内，零线和设备外壳是带电的，如果保护装置因某种原因未动作不能切断电源，零线和设备外壳将长期带电。有了重复接地，重复接地电阻与工作接地电阻便成并联电路，线路阻值减小，可降低零线的对地电压，加大短路电流，使保护装置更快动作，而且重复接地点越多，对降低零线对地电压越有效，对人体也越安全。

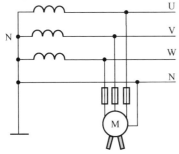

图1-20 保护接零

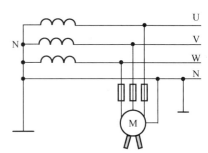

图1-21 重复接地

5. 等电位连接

等电位连接是将建筑物中各电气装置和其他装置外露的金属及可导电部分与人工或自然接地体同导体连接起来，以达到减小电位差的目的。住宅楼做总等电位连接后，可防止TN系统电源线路中的PE和PEN线传导引入故障电压导致电击事故，同时可减少电位差、电弧、电火花发生的概率，避免接地故障引起的电气火灾事故和人身电击事故；同时也是防雷安全所必须的。因此，在建筑物的每一电源进线处，一般设有总等电位连接端子板，由总等电位连接端子板与进入建筑物的金属管道和金属结构构件进行连接。

总等电位连接：等电位连接是建筑物内电气装置的一项基本安全措施，其作用是降低接触电压，保障人员的安全。

辅助等电位连接：总等电位连接虽然能大大降低接触电压，如果建筑物离电源较远，建筑物内线路过长，则过电流保护动作时间和接触电压都可能超过规定的限值。在这种情况下应在局部范围内进行辅助等电位连接（也称局部等电位连接），使接触电压降低至安全电压限值50V以下。等电位连接及箱体如图1-22所示。

图1-22 等电位连接及箱体

第 2 章

家装水电暖工必备工具

2.1 常用工具及其使用

2.1.1 螺钉旋具

螺丝刀的分类、规格等见表 2-1。螺丝刀的外形如图 2-1 所示。

表 2-1 螺丝刀的分类、规格

主要作用	螺钉旋具又称为螺丝刀、起子、螺丝批等，其主要用来紧固或拆卸螺钉			
分类	按头部形状分类	一字	十字	星形
	按驱动方式分类	手动式	电动式	
	按刀头是否可拆卸分类	固定式	组合套装型	
常用规格	50～400mm			
电工常用规格	75mm、100mm、150mm、300 mm 等长度规格，直径和长度与刀口的厚薄和宽度成正比			
螺丝刀的使用注意事项	（1）电工不可使用金属杆直通柄顶的螺丝刀，以避免触电事故的发生			
	（2）用螺丝刀拆卸或紧固带电螺栓时，手不得触及螺丝刀的金属杆，以免发生触电事故			
	（3）为避免螺丝刀的金属杆触及带电体时手指碰触金属杆，电工用螺丝刀应在螺丝刀金属杆上穿套绝缘管			
	（4）在使用前应先擦净螺丝刀柄和口端的油污，以免工作时滑脱而发生意外，使用后也要擦拭干净			
	（5）选用的螺丝刀口端应与螺栓或螺钉上的槽口相吻合。如口端太薄则易折断，太厚则不能完全嵌入槽内，易使刀口或螺栓槽口损坏			
	（6）使用时，不可用螺丝刀当撬棒或凿子使用			

（a）一字和十字螺丝刀

（b）双头螺丝刀

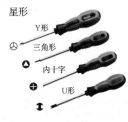

（c）星形

图 2-1 螺丝刀的外形

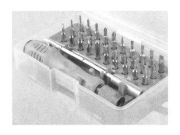
（d）组合套装型

（e）电动式

（f）拐弯电动式

图 2-1　螺丝刀的外形（续）

螺丝刀的使用方法大致分两种：大螺丝刀常采用抱握法，如图 2-2（a）所示；小螺丝刀常采用旋握法，如图 2-2（b）所示。正确的方法是以右手握持螺丝刀，手心抵住柄端，让螺丝刀口端与螺栓或螺钉槽口处于垂直吻合状态。当开始拧松或最后拧紧时，应用力将螺丝刀压紧后再用手腕力扭转螺丝刀；当螺栓松动后，即可使手心轻压螺丝刀柄，用拇指、中指和食指快速转动螺丝刀。电动螺丝刀握法如图 2-2（c）所示。

（a）大螺丝刀抱握法

（b）小螺丝刀旋握法

（c）电动螺丝刀握法

图 2-2　螺丝刀的使用方法

2.1.2　扳手工具

扳手工具的作用及分类等见表 2-2。扳手工具的外形如图 2-3 所示。

表 2-2　扳手工具的作用及分类

主要作用	扳手是一种紧固或拆卸有角螺丝钉或螺母的工具
分　类	活络扳手、开口扳手、内六角扳手、外六角扳手、梅花扳手、整体扳手、套筒扳手等
使用注意事项	无论何种扳手，最好的使用效果是拉动，若必须推动时，也只能用手掌来推，并且手指要伸开，以防螺栓或螺母突然松动而碰伤手指。要想得到最大的扭力，拉力的方向一定要和扳手柄成直角 在使用活扳手时，应使扳手的活动钳口承受推力而固定钳口承受拉力，即拉动扳手时，活动钳口朝向内侧；用力一定要均匀，以免损坏扳手或螺栓、螺母的棱角变形，造成打滑而发生事故

活扳手

开口扳手

六角扳手

梅花扳手

套筒扳手

图 2-3　常见扳手外形

2.1.3 剪切工具

1. 钢丝钳

钢丝钳的作用及规格等见表2-3。钢丝钳的外形如图2-4所示。

表2-3 钢丝钳的作用及规格

主 要 作 用	钢丝钳主要用于剪切或夹持导线、金属丝、工件
电工常用规格	150mm、175mm、200mm 三种规格
螺丝刀的使用注意事项	(1) 电工在使用钢丝钳之前,必须保证绝缘手柄的绝缘性能良好,以保证带电作业时的人身安全
	(2) 用钢丝钳剪切带电导线时,严禁用刀口同时剪切相线和零线,或同时剪切两根相线,以免发生短路事故
使 用 方 法	钳口用于弯绞和钳夹线头或其他金属、非金属物体;齿口用于旋动螺钉螺母;刀口用于切断电线、起拔铁钉、削剥导线绝缘层等;侧口用于铡断硬度较大的金属丝等

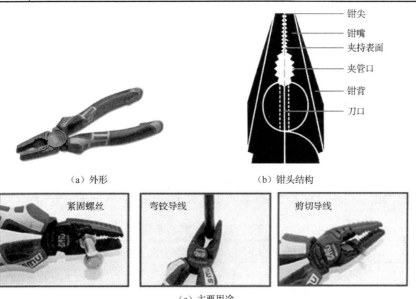

图2-4 钢丝钳

2. 尖嘴钳

尖嘴钳的作用及规格等见表2-4。尖嘴钳的外形如图2-5所示。

表2-4 尖嘴钳的作用及规格

主 要 作 用	尖嘴钳又叫修口钳,尖嘴钳的头部尖细,适用于在狭小的空间操作。钳头用于夹持较小螺钉、垫圈、导线和把导线端头弯曲成所需形状,小刀口用于剪断细小的导线、金属丝等
电工常用规格	按其全长分为 130mm、160mm、180mm、200mm 四种
螺丝刀的使用注意事项	(1) 电工在使用钢丝钳之前,必须保证绝缘手柄的绝缘性能良好,以保证带电作业时的人身安全
	(2) 用钢丝钳剪切带电导线时,严禁用刀口同时剪切相线和零线;或同时剪切两根相线,以免发生短路事故
尖嘴钳弯导线接头的操作方法	先将线头向左折,然后紧靠螺杆依顺时针方向向右弯即成

 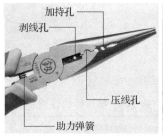 

（a）外形　　　　　　　　　　　　　　　（b）主要用途

图 2-5　尖嘴钳

3. 斜口钳

斜口钳的头部偏斜，又叫断线钳、偏嘴钳，主要用于剪断较粗的电线和其他金属丝，其外形如图 2-6 所示。

图 2-6　斜口钳

4. 剥线钳

剥线钳的作用及规格等见表 2-5。剥线钳的外形如图 2-7 所示。

表 2-5　剥线钳的作用及规格

主 要 作 用	用来剥离截面积 6mm² 以下塑料、橡胶电线或电缆芯线的绝缘层
电工常用规格	它由钳口和手柄两部分组成，剥线钳钳口分有 0.5～3mm 的多个直径切口，与不同规格线芯线直径相匹配，切口过大，则难以剥离绝缘层，切口过小，则会切断芯线
使 用 方 法	将待剥皮的线头置于钳头的刃口中，用手将两钳柄一捏，然后一松，绝缘皮便与芯线脱开
使用注意事项	电线必须放在大于其线芯直径的切口上切削，否则会伤线芯

5. 电缆剪线钳

电缆剪线钳的作用及规格等见表 2-6。电缆剪线钳的外形如图 2-8 所示。

表 2-6　电缆剪线钳的作用及规格

主 要 作 用	主要用于剪切电缆线材。不但可实现径向切割，而且仅通过简单的旋转即可实现螺旋切割和纵向切割，并可控制切割深度，适用于切剥不同直径、不同绝缘层厚度的电缆线
主 要 结 构	它由钳柄、刀片、夹持钩、压力弹簧、调整螺母及安装在钳柄内的进刀装置组成，夹持钩、弹簧和调整螺母依次安装在钳柄的下部，夹持钩可相对钳柄上下自由活动
使 用 方 法	将待剥皮的线头置于钳头的刃口中，用手将两钳柄一捏，然后一松，绝缘皮便与芯线脱开
使用注意事项	电线必须放在大于其线芯直径的切口上切削，否则会伤线芯

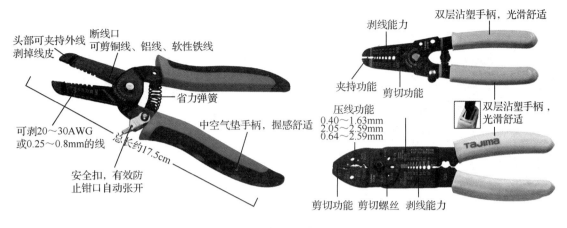

(a)剥线钳外形结构

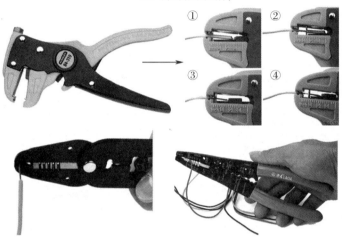

(b)几种剥线钳的使用方法

图 2-7　各种剥线钳

图 2-8　电缆剪线钳的外形

6. 截管剪刀

将管径 32mm 及以下的小管径 PVC 管材切断，一般用专用截管器或截管剪刀，截管剪刀外形如图 2-9（a）所示。用截管剪刀剪断，操作时先打开剪刀手柄，把 PVC 管放入刀口内，握紧手柄，边转动管子边进行裁剪，刀口切入管壁后，应停止转动管子；继续裁剪，直至管子被切断，如图2-9（b）所示。截断后应用截管器的刀背切口倒角。使用钢锯锯管，适用于所有管径的管材，管材锯断后，应将管口修理平齐、光滑。

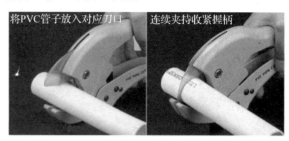

（a）截管剪刀外形　　　　　　　（b）边转动管子边进行裁剪

图2-9　截管剪刀

2.1.4　电工刀

电工刀的作用及注意事项等见表2-7。电工刀的外形和使用方法如图2-10所示。

表2-7　电工刀的作用及注意事项

主要作用	电工刀是电工常用的一种切削工具
结　构	普通的电工刀由刀片、刀刃、刀把、刀挂等构成
使用方法	使用电工刀时，刀口应朝外部切削，切忌面向人体切削。剖削导线绝缘层时，应使刀面与导线成较小的锐角，以避免割伤线芯
使用注意事项	电工刀刀柄无绝缘保护，不能接触或剖削带电导线及器件。电工刀使用后应随即将刀身折进刀柄，注意避免伤手

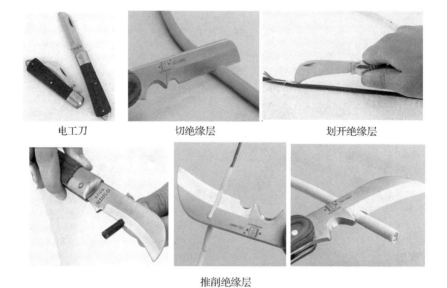

图2-10　电工刀的外形和使用方法

2.1.5 电锤、电钻

电锤、电钻是电动工具中的常规产品,也是家装中需求量最大的电动工具类产品。手电钻的作用及使用注意事项等见表2-8。手电钻的外形如图2-11所示。

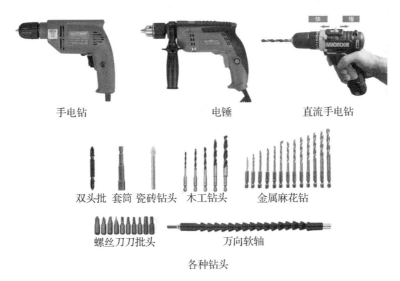

图2-11 手电钻的外形

表2-8 手电钻的作用及使用注意事项

主要作用	手电钻是一种头部装有钻头,内部装有单相电动机,靠旋转来钻孔的手持电动工具。适合钻孔、打磨、抛光、切割等工作
主要类型及结构	它有普通电钻和冲击电钻两种,普通电钻又分交流型和直流型等。 电锤是电钻中的一类,常用来在墙面、混凝土、石材上面进行打孔等,还有多功能电锤,调节到适当位置,配上适当钻头可以当作电镐使用
使用注意事项	(1)操作者要戴好防护面罩。 (2)长时间作业时要佩戴耳塞,以减轻噪声的影响。 (3)电锤作业时应使用侧柄,双手操作,以防止堵转时的反作用力扭伤胳膊。 (4)站在梯子上工作或高处作业时应做好高处坠落措施,梯子应有地面人员扶持。 (5)插头与电源较远时,应使用容量足够的延伸线缆,并应做好线缆被碾压损坏的预防措施

2.1.6 手提式切割机

手提式切割机具有体积小、质量小、易于携带、操作简单、不受施工场地的限制等优点,是家装电工在工程施工中切割线槽常用的工具之一,如图2-12所示。

2.1.7 导线压线钳

导线压线钳的作用及使用方法见表2-9。导线压线钳的外形结构如图2-13所示。

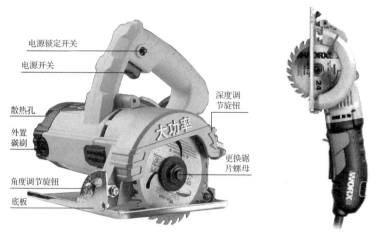

图2-12 手提式切割机

表2-9 导线压线钳的作用及使用方法

主要作用	导线压线钳是将导线与连接管或接线端子压接在一起的专用接线工具,可简化烦琐的焊接工艺,提高接合质量
主要类型	分为手压钳和油压钳两种。手动压线钳有不同规格的产品,每种规格适用于一定线径的导线
使用方法	压接时,先将连接管(或接线端子)钳在钳腔内,然后把去掉绝缘层的导线端插进接线管(或接线端子)的孔内,插入的长度要超过压接痕的长度,使劲将手柄压合到底,当听到"哒"的一声后,压接即告完成。使用方法如图2-14所示
注意事项	导线连接时,应按导线规格、线径和根数选取相应规格的压线帽。理顺导线,逐根剥去适当长度外皮并除去氧化层,然后全部插入帽内,使裸线不外露,夹在相应号数的钳口中,在距帽肩靠定位置处施压至limit位棘爪自动开时为止。 钳压后,应手拉电线检查是否松动,绝缘护套是否自动脱落,发现不妥应找出原因,纠正后重新压接,以确保安全

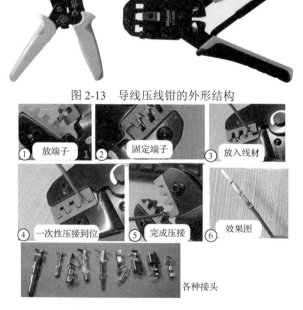

图2-13 导线压线钳的外形结构

图2-14 导线压线钳使用方法示意图

2.2 其他工具及其使用

2.2.1 尺子类

钢尺、角尺、水平尺等定位测量工具,在安装电气线路、灯具、开关、插座、线槽定位及其他设备时,可用来对线路、器件或设备进行准确定位,如图2-15所示。

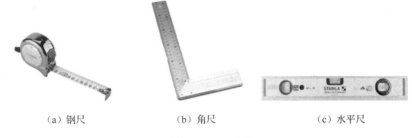

(a) 钢尺　　　　　　(b) 角尺　　　　　　(c) 水平尺

图2-15　尺子类

钢尺主要用于测量距离等。
角尺主要用于画垂线及安装件的定位画线等。
水平尺主要用于确定布线的画线与地平面保持平行等。

2.2.2 墨斗、吊线锤

墨斗主要用于开槽定位的画线,绘制、定位长直线,外形如图2-16(a)所示。
吊线锤主要用于安装灯具、开关、插座等设备时校正其与地面的垂直度,其外形如图2-16(b)所示。

(a) 墨斗　　　　　　(b) 吊线锤

图2-16　墨斗、吊线锤

2.2.3 打压机

打压机又称试压机,结构简单,操作方便,容易掌握,主要用于检测室内水管、地暖管是否有渗漏等现象。它是由水箱、机架、柱塞、控制器、手柄和工作接管等部件组成的,其外形如图2-17所示。

图2-17　打压机

水箱上面装有水缸，水缸由低压缸体、低压柱塞体和高压柱塞等部分组件构成。低压柱塞体同时又是高压缸体，内装高压柱塞，低压柱塞通过联动扳手柄在工作时做往复运动，低压缸体与水箱盖制成一体，在其上面装有机架和高压缸。机架上面装有控制器，在控制器的侧面分别装有放水阀针及手轮、控制阀针及手轮和工作接管。在控制器的上方装有压力表。当试压泵工作时，可通过表针观看指示值。在机架的侧面装有手柄，连接板杆是用来操作低压柱塞做往复运动的。

在开始使用打压机之前，应首先检查调整各处的连接部件是否有松脱现象，进出水管管路是否畅通，水箱内的水是否清洁，严禁使用含有纤维泥沙杂物的污水，防止影响泵的使用性能。检查调整完毕之后，将被试压容器与工作接管接通。关闭放水阀针，打开控制阀针，然后操作手柄上下移动，用力要均匀，避免冲击，使柱塞做往复运动，把水箱内的清水经吸水管吸入低压缸，进入高压缸和控制器，由工作接管流入被试压容器，其压力值可以从压力表上读出。试压时压力应在压力表的最大指示值的 2/3 以内工作。最大工作压力不得超过本型号试压泵所规定的额定排出压力值。

当低压缸的压力大于 0.3MPa 时，打开逆流阀把多余的水排回水箱内。

被试压容器需要在某一压力下保留一段时间时，可拧紧控制阀手轮。关闭控制阀针，使被试压容器与泵隔绝，能够更准确地读出受压容器的压力值。在试压过程中如果发现有渗漏之处，要立即停下来进行检修工作。严禁在渗漏情况下继续加大压力使用。试压工作完毕之后，应先松开控制阀针，后松开放水针。在松开手轮时，应缓慢均匀，避免突然打开，使表针受冲击而损坏。打压示意图如图 2-18 所示。

图 2-18 打压示意图

2.2.4 锤子、凿子

锤子是用于敲击或锤打物体的手工工具。家装中常用的小铁锤用于订线卡及安装灯具等；大铁锤用于凿线槽等。各种锤子如图 2-19（a）所示。

家装中常用的凿子为 14～25 螺纹钢，由铁匠铺打制，长度为 0.2～0.4m，短的用于打槽，长的用于打穿墙孔，各种凿子如图 2-19（b）所示。

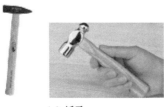

（a）锤子　　　　　　　　　　（b）凿子

图 2-19　锤子、凿子

2.2.5 弯管器、穿线器

1. 弯管器

弯管器通常是作用于镀锌管和 PVC 线管,弯制出安装时需要的各种角度。弯管器主要有管弯管器、滑轮弯管器、弹簧弯管器和电动弯管器等,其中弹簧弯管器的特点是体积小、轻便,适合于现场使用,可以按需要将直径为 32mm 以下的 PVC 管子弯成各种角度,弹簧弯管器外形如图 2-20(a)所示。

管径 32mm 以下的 PVC 管子采用冷弯,冷弯方式有弹簧弯管器和管弯管器;管径 32mm 以上的宜用热弯。

弹簧弯管器的操作方法如图 2-20(b)~图 2-20(e)所示。先将弹簧插入管内,两手用力慢慢弯曲管子,考虑到管子的回弹,弯曲的角度要稍大一些。当弹簧不易取出时,可逆时针转动弯管,使弹簧外径收缩,同时往外拉弹簧即可取出。

(a)弹簧弯管器外形

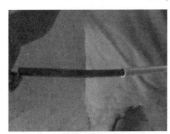 

(b)先将弹簧插入管内　　　　　(c)慢慢弯曲管子

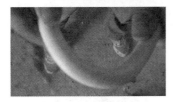 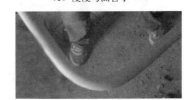

(d)弯曲的角度要稍大一些　　　(e)弯曲成形后抽出弹簧弯管器

图 2-20　弹簧弯管器外形及操作方法

2. 穿线器

穿线器常有两种形式,一种是专用型的,如图 2-21(a)所示;另一种是自制的,把适当长度的钢丝线的头上弯个小钩就制成了一个简易穿线器,如图 2-21(b)所示。

专用型穿线器的使用方法如图 2-22 所示。

2.2.6 梯子

梯子是在室内进行家装等工作时要用到的一类登高工具,如图 2-22 所示。使用梯子应注意以下几点。

(a) 专用型　　　　　　　　　　(b) 简易穿线器

图 2-21　穿线器

 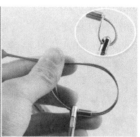

1. 将线尾穿过拉线器连接头　　2. 将紧线器绕紧穿线器

 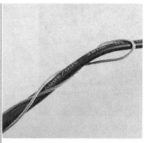

3. 把线头绕成8字形　　4. 把需要固紧的电线从紧线器的8字形上下穿过

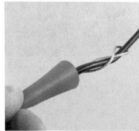 

5. 然后把紧扣弹簧往上推紧即可　　6. 也可一次拉紧多根电线,使用方法同上

图 2-22　专用型穿线器的使用方法

（1）为避免靠梯的翻倒,靠梯脚与墙壁的距离不得小于梯长的1/4;为避免靠梯的滑落,靠梯脚与墙壁之间的距离不得大于梯长的1/2。

（2）为防止滑动,在光滑地面上使用梯子,梯脚应加绝缘套或绝缘垫。

（3）为限制人字梯双脚张开的角度,其两侧梯脚之间应加拉绳、拉链或挂钩。

（4）放不稳、立不牢的梯子，应有专人扶住。

图 2-23　梯子

第 3 章

家装电工常用测量仪表及使用

3.1 指针式万用表的使用

3.1.1 MF47 型万用表的结构

MF47 型万用表的结构如图 3-1 所示。

MF47 型万用表可供测量直流电流、交直流电压、直流电阻等，具有 26 个基本量程和电平、电容、电感、晶体管直流参数等 7 个附加参考量程。正面上部是微安表，中间有一个机械调零螺钉，用来校正指针左端的零位。下部为操作面板，面板中央为测量选择、转换开关，右上角为欧姆挡调零旋钮，右下角有 2500V 交直流电压和直流 10A 专用插孔，左上角有晶体管静态直流放大系数检测装置，左下角有正（红）、负（黑）表笔插孔。

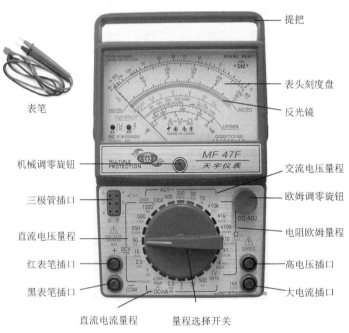

图 3-1 MF47 型万用表的结构

MF47 型万用表刻度盘如图 3-2 所示。

第3章 家装电工常用测量仪表及使用

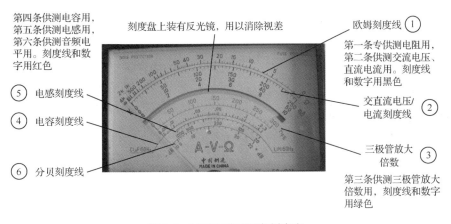

图 3-2 MF47 型万用表刻度盘

刻度盘读数示例如图 3-3 所示。

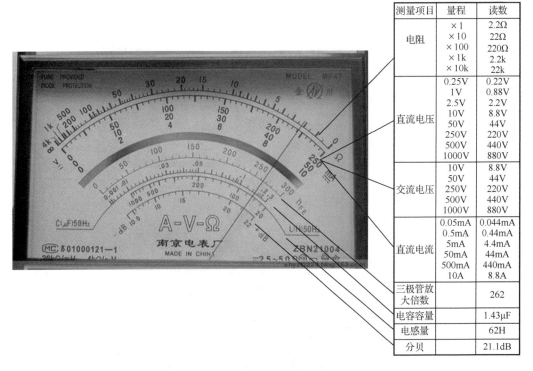

测量项目	量程	读数
电阻	×1	2.2Ω
	×10	22Ω
	×100	220Ω
	×1k	2.2k
	×10k	22k
直流电压	0.25V	0.22V
	1V	0.88V
	2.5V	2.2V
	10V	8.8V
	50V	44V
	250V	220V
	500V	440V
	1000V	880V
交流电压	10V	8.8V
	50V	44V
	250V	220V
	500V	440V
	1000V	880V
直流电流	0.05mA	0.044mA
	0.5mA	0.44mA
	5mA	4.4mA
	50mA	44mA
	500mA	440mA
	10A	8.8A
三极管放大倍数		262
电容容量		1.43μF
电感量		62H
分贝		21.1dB

图 3-3 刻度盘读数示例

3.1.2 用指针式万用表测量电阻

指针表测电阻，正确方法如下：选量程，再校零，读取数乘倍率。

第一步：选择量程

欧姆刻度线是不均匀的（非线性），为减小误差，提高精确度，应合理选择量程，使指针指在刻度线的 1/3～2/3 处。选择量程示意图如图 3-4 所示。

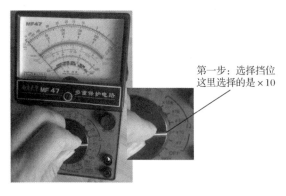

第二步：欧姆调零

欧姆调零如图3-5所示。

选择量程后，应将两表笔短接，同时调节"欧姆调零旋钮"，使指针正好指在欧姆刻度线右边的零位置。若指针调不到零位，可能是电池电压不足或其内部有问题。

每选择一次量程，都要重新进行欧姆调零。

第三步：测量电阻并读数

测量时，待表针停稳后读取读数，然后乘以倍率，就是所测的电阻值。测量电阻并读数如图3-6所示。

图3-4 选择量程示意图

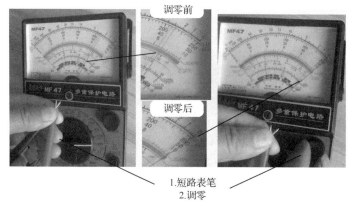

图3-5 欧姆调零

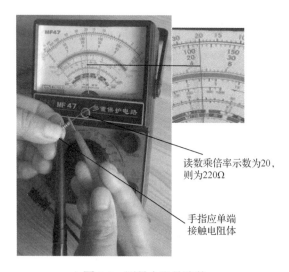

图3-6 测量电阻并读数

3.1.3 用指针式万用表测量直流电压

第一步：选择量程

选择量程如图 3-7 所示。

万用表直流电压挡标有"V"，通常有 2.5V、10V、50V、250V、500V 等不同量程，选择量程时应根据电路中的电压大小而定。若不知电压大小，应先用最高电压挡量程，然后逐渐减小到合适的电压挡。

图 3-7　选择量程

第二步：测量方法

测量直流电压方法如图 3-8 所示。

将万用表与被测电路并联，且红表笔接被测电路的正极（高电位），黑表笔接被测电路的负极（低电位）。

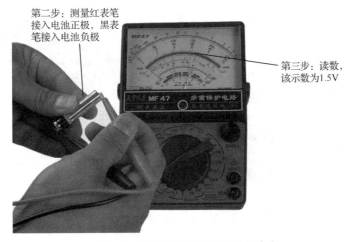

图 3-8　测量直流电压和读数方法

第三步：正确读数

待表针稳定后，仔细观察标度盘，找到相对应的刻度线，正视线读出被测电压值。正确读数方法如图 3-8 所示。

3.1.4 用指针式万用表测量交流电压

测量交流电压如图 3-9 所示。

交流电压的测量与上述直流电压的测量相似，不同之处如下：交流电压挡标有"∼"，通常有 10V、50V、250V、500V 等不同量程；测量时，不区分红黑表笔，只要并联在被测电路两端即可。

3.1.5 用指针式万用表测量直流电流

测量直流电流方法如图 3-10 所示。

第一步：选择量程

万用表直流电流挡标有"mA"，通常有 1mA、10mA、100mA、500mA 等不同量程，选择量程时应根据电路中的电流大小而定。若不知电流大小，应先用最高电流挡量程，然后逐渐减小到合适的电流挡。

第二步：测量方法

将万用表与被测电路串联。应将电路相应部分断开后，将万用表表笔串联接在断点的两端。红表笔接在和电源正极相连的断点，黑表笔接在和电源负极相连的断点。

第三步：正确读数

待表针稳定后，仔细观察标度盘，找到相对应的刻度线，正视线读出被测电流值。

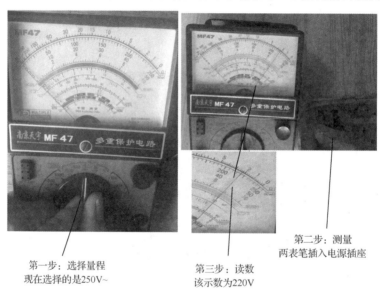

图 3-9 测量交流电压

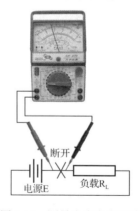

图 3-10 测量直流电流方法

3.2 数字式万用表的使用

图 3-11 所示为普通 DT9205A 型数字万用表，下面以这种表盘为例来说明数字万用表的基本使用方法。

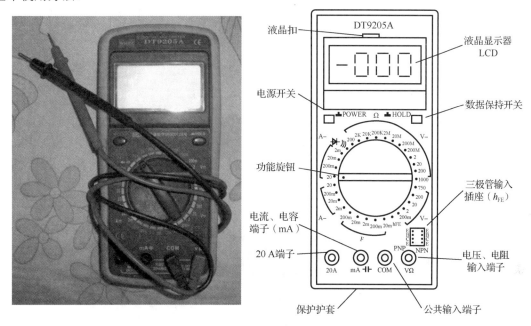

图 3-11　DT9205A 型数字万用表

（1）测量直流电压。将电源开关 POWER 按下；然后将量程选择开关拨到"DCV"区域内合适的量程挡；红表笔应插入"VΩ"插孔，黑表笔插入"COM"插孔；这时即可以并联方式进行直流电压的测量，便可读出显示值，红表笔所接的极性将同时显示于液晶显示屏上。

（2）测量交流电压。将电源开关 POWER 按下；然后将量程选择开关拨到"ACV"区域内合适的量程挡；表笔接法和测量方法同上，但无极性显示。

（3）测量直流电流。将电源开关 POWER 按下，然后将功能量程选择开关拨到"DCA"区域内合适的量程挡，红表笔挡插"mA"插孔（被测电流≤200mA）或接"20A"插孔（被测电流>200mA），黑表笔插入"COM"插孔，将数字万用表串联于电路中即可进行测量，红表笔所接的极性将同时显示于液晶显示屏上。

（4）测量交流电流。将功能量程选择开关拨到"ACA"区域内合适的量程挡上，其余的操作方法与测量直流电流时相同。

（5）测量电阻。按下电源开关 POWER，将功能量程选择开关拨到"Ω"区域内合适的量程挡上，红表笔接"VΩ"插孔，黑表笔接"COM"插孔，将两表笔接于被测电阻两端即可进行电阻测量，便可读出显示值。

（6）测量二极管。按下电源开关 POWER，将功能量程选择开关拨到二极管挡，红表笔插入"VΩ"插孔，黑表笔插入"COM"插孔，即可进行测量。测量时，红表笔接二极管正极，黑表笔接二极管负极，两表笔的开路电压为 2.8V，测试电流为（1.0±0.5）mA。当二极管正向接入时，锗管应显示 0.150~0.300V；硅管应显示 0.550~0.700V；若显示超量程符号，表示二极管内部断路；显示全零，表示二极管内部短路。

（7）检查线路通断。按下电源开关 POWER，将功能量程选择开关拨到蜂鸣器位置，红表笔插入"VΩ"插孔，黑表笔插入"COM"插孔，红黑两表笔分别接于被测导体两端，若被测线路电阻低于规定值（50±20）Ω，蜂鸣器发出声音，表示线路是通的。

（8）数据保持功能。按下仪表上的数据保持开关（HOLD），正在显示的数据就会保持在液晶显示屏上，即使输入信号变化或消除，数值也不会改变。

3.3 兆欧表的使用

兆欧表又叫摇表、迈格表、高阻计、绝缘电阻表等，其标尺刻度直接用兆欧（MΩ）作单位，是一种测量电器设备及电路绝缘电阻的仪表。

目前，兆欧表主要有两大类：一类是采用手摇发电机供电的磁电式兆欧表；另一类是采用电池供电的指针式兆欧表和数显式兆欧表。几种兆欧表的外形如图 3-12 所示。

(a) 手摇式　　　　(b) 数显式　　　　(c) 指针式

图 3-12　几种兆欧表的外形

3.3.1 手摇兆欧表的结构和校表

手摇兆欧表基本外形结构如图 3-13 所示，兆欧表一般有三个接线端子，即线路端子（L）、地线端子（E）和保护（屏蔽）端子（G）。使用时线路端子与被测物的导体接通；地线端子与被测物的地线或外壳接通；保护端子与被测物的保护遮蔽环或其他应避免进行测量的部分接通，以消除表面泄漏误差。

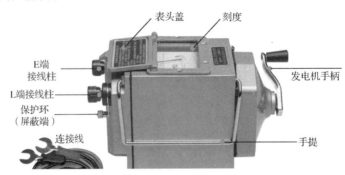

图 3-13　手摇兆欧表基本外形结构

兆欧表的常用规格按发电机电压分为 100V、250V、500V、1000 V 和 2000 V 等。选用时主要应考虑它的输出电压及其测量范围。100 V 的用于通信电路，250V、500V 的用于低压电路，1000V、2000V 的用于高压电路的设备及配电线等的绝缘电阻测量。

手摇兆欧表使用前的校表方法如下。

1. 先校零点（短路试验）

将线路和地线端子短接，慢慢摇动手柄，若发现表针立即指在零点处，则立即停止摇动手柄，说明表的零点读数正确。

2. 校满刻度（开路试验、校无穷大）

将线路、地线分开放置后，先慢后快逐步加速摇动手柄，待表的读数在无穷大处稳定指示时，即可停止摇动手柄，说明表的无穷大无异常。

经过上述短路试验和开路试验两项检测，证实表没问题，即可进行测量，如图3-14所示。

校零点
 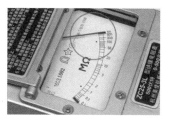
① 在无接线的情况下，可顺时针摇动手柄　　② 正常情况下，指针向右滑动，最后停留在"∞"（无穷大）的位置

校满刻度

① 将L与E端两根检测棒短接起来测试　　② 顺时针缓慢地转动手柄　　③ 正常情况下，指针向左滑动，最后停留在"0"的位置

图3-14　手摇兆欧表测量

3.3.2　手摇兆欧表的基本使用方法

1. 正确接线

在测试前必须正确接线,兆欧表有3个接线端子："E"（接地）、"L"（线路）和"G"（保护环或叫屏蔽端子），如图3-15所示。保护环的作用是消除表壳表面"L"与"E"接线柱间的漏电和被测绝缘物表面漏电影响。

图3-15　兆欧表的3个接线端子

测量对象不同，接线方法也有所不同。测量绝缘电阻时，一般只用线路L端和接地端。

2. 测试

线路接好后，可按顺时针方向转动摇把，摇动的速度应由慢而快，当转速达到120r/min左右时，保持匀速转动，1min后读数，并且要边摇边读数，不能停下来读数。

特别注意：在测量过程中，如果表针已经指向了"0"，此时不可继续用力摇动摇柄，以防损坏兆欧表。

3. 拆除连接线

测量完毕后，待兆欧表停止转动和被测物接地放电后，才能拆除连接导线。

3.3.3 手摇兆欧表测量实例

例 1 测量对地（或外壳）绝缘电阻

在测量电气设备的对地绝缘电阻时，"L"用单根导线接设备的待测部位，"E"用单根导线接设备外壳，如图 3-16 所示。

图 3-16 测量对地（或外壳）绝缘电阻

电动机绝缘电阻合格值如下：新电动机绝缘电阻＞1MΩ，旧电动机绝缘电阻＞0.5 MΩ。

例 2 测量相间绝缘电阻

测电气设备内两绕组之间的绝缘电阻时，将"L"和"E"分别接两绕组的接线端，如图 3-17 所示。

图 3-17 测量相间绝缘电阻 （图中数字下标）

测量前将电动机端子上的原有连接片拆卸开，将"L"和"E"分别接两绕组的 U_1-V_1、U_1-W_1、V_1-W_1 任意两个端子，共测量 3 次。

例 3 测量低压电力电缆绝缘电阻

当测量电缆的绝缘电阻时，为消除因表面漏电产生的误差，"L"接线芯，"E"接外壳，"G"接线芯与外壳之间的绝缘层，如图 3-18 所示。

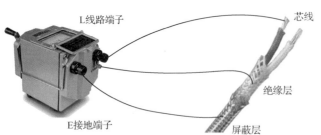

图 3-18 测量低压电力电缆绝缘电阻

3.4 钳形电流表的使用

3.4.1 钳形电流表的结构和分类

钳形电流表是一种不需断开电路就可直接测量电路交流电流的便携式仪表,在电气检修中使用非常方便,此种测量方式最大的益处就是可以测量大电流而不需要关闭被测电路,应用相当广泛。

钳形电流表简称钳形表,其工作部分主要由一只电磁式电流表和穿心式电流互感器组成。穿心式电流互感器铁芯制成活动开口,且成钳形,故名钳形电流表。目前,常见的钳形电流表按显示方式分,有指针式和数字式;按功能分,主要有交流钳形电流表、多用钳形表、谐波数字钳形电流表、泄漏电流钳形表和交直流钳形表等几种。钳形电流表的外形结构如图 3-19 所示。

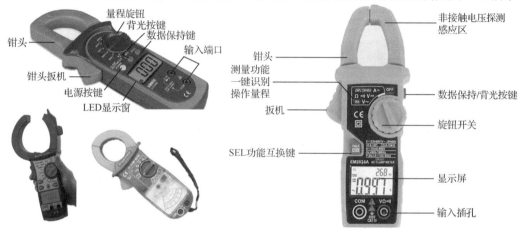

图 3-19 钳形电流表的外形结构

3.4.2 钳形电流表的使用方法

测量前,若是指针式表头,应检查电流表指针是否指向零位。否则,应进行机械调零,以提高读数的精确度。

测量前应先估计被测电流的大小,选择合适的量程。若无法估计,则应先用较大量程测量,然后根据被测电流的大小再逐步换到合适的量程上。在每次换量程时,必须打开钳口,再转换量程开关。钳形电流表测量方法如图 3-20 所示。

图 3-20 钳形电流表测量方法

3.5 试电笔

试电笔的作用、分类等见表 3-1。试电笔的外形结构如图 3-21 所示。

表 3-1 试电笔的作用、分类等

主 要 作 用	试电笔（又称电笔）是电工常用工具之一，用来判别物体是否带电
主 要 类 型	分为氖泡式和数显式两种。 氖泡式由氖管（俗称氖泡）、电阻、弹簧等组成，使用时，带电体通过电笔、人体与大地之间形成一个电位差，产生电场，电笔中的氖管在电场作用下就会发光。 数显测电笔笔体带 LED 显示屏，可以直观读取测试电压数字
使 用 方 法	使用氖泡式电笔时必须正确握持，拇指和中指握住电笔绝缘处，食指压住笔端金属帽上。 试电笔在使用前必须确认良好（在确有电源处试测）方可使用。使用时，应逐渐靠近被测体，直至氖管发光才能与被测物体直接接触。使用方法如图 3-22 所示

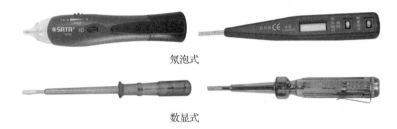

图 3-21 试电笔的外形结构

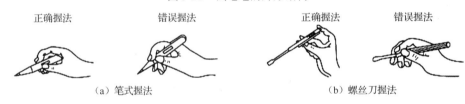

图 3-22 氖泡式电笔使用方法示意图

第4章 配电设备选用及配电线路规划、安装

4.1 漏电保护器选用及其安装要求

4.1.1 漏电保护器简介

漏电电流动作保护器(国际简称RCD)简称漏电保护器,是在规定条件下当漏电电流达到或超过规定电流值时自动断开电路的开关电器或组合电器。漏电保护器主要是提供间接接触保护,在一定条件下,也可用作直接接触的补充保护,对可能致命的触电事故进行保护。它是一种既有手动开关作用,又能自动进行失电压、欠电压、过载和短路保护的电器。

漏电保护器的外形、图形符号如图4-1所示。

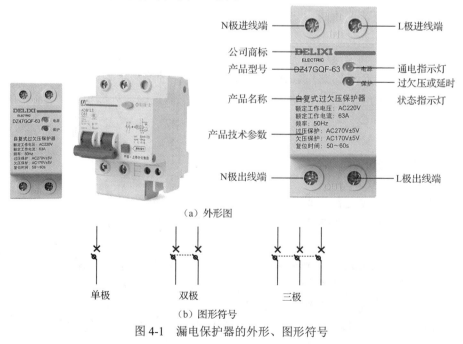

图 4-1 漏电保护器的外形、图形符号

漏电保护器可以按其保护功能、结构特征、安装方式、运行方式、极数和线数、动作灵敏度等分类。一般小型漏电保护器以额定电流区分，主要有6A、10A、16A、20A、25A、32A、40A、50A、63A、80A、100A等。应根据住宅用电负荷决定具体选择哪些规格。

按其保护功能和用途分类，一般可分为漏电保护继电器、漏电保护开关和漏电保护插座3种。

（1）漏电保护继电器是指具有对漏电流检测和判断的功能，而不具有切断和接通主回路功能的漏电保护装置。漏电保护继电器由零序互感器、脱扣器和输出信号的辅助接点组成。它可与大电流的自动开关配合，作为低压电网的总保护或主干路的漏电、接地或绝缘监视保护。

当主回路有漏电流时，由于辅助接点和主回路开关的分离脱扣器串联成一回路，因此，辅助接点接通分离脱扣器而断开空气开关、交流接触器等，使其掉闸，切断主回路。辅助接点也可以接通声、光信号装置，发出漏电报警信号，反映线路的绝缘状况。

（2）漏电保护开关是指不仅与其他断路器一样可将主电路接通或断开，而且具有对漏电流检测和判断的功能，当主回路中发生漏电或绝缘体被破坏时，漏电保护开关可根据判断结果将主电路接通或断开的开关元件。它与熔断器、热继电器配合可构成功能完善的低压开关元件。目前这种形式的漏电保护装置应用最为广泛。

（3）漏电保护插座是指具有对漏电电流检测和判断并能切断回路的电源插座。其额定电流一般为20A以下，漏电动作电流为6～30mA，灵敏度较高，常用于手持式电动工具和移动式电气设备的保护及家庭、学校等民用场所。

漏电保护器在反应触电和漏电保护方面具有高灵敏性和动作快速性，这是其他保护电器（熔断器、自动开关等）无法比拟的。自动开关和熔断器正常时要通过负荷电流，它们的动作保护值要避越正常负荷电流来整定，因此它们的主要作用是用来切断系统的相间短路故障（有的自动开关还具有过载保护功能）。而漏电保护器是利用系统的剩余电流反应和动作，正常运行时系统的剩余电流几乎为零，故它的动作整定值可以整定得很小（一般为mA级），当系统发生人身触电或设备外壳带电时，出现较大的剩余电流，漏电保护器则通过检测和处理这个剩余电流后可靠地动作，切断电源。

电气设备漏电时，将呈现异常的电流或电压信号，漏电保护器通过检测、处理此异常电流或电压信号，促使执行机构动作。把根据故障电流动作的漏电保护器称电流型漏电保护器，把根据故障电压动作的漏电保护器称为电压型漏电保护器。国内外漏电保护器应用均以电流型漏电保护器为主导地位。

4.1.2 漏电保护器选用

（1）漏电保护器的额定漏电动作电流应满足以下3个条件。

一是为保证人身安全，额定漏电动作电流应不大于人体安全电流值，国际上公认不高于30mA为人体安全电流值。

二是为保证电网可靠运行，额定漏电动作电流应高于低电压电网正常漏电电流。

三是为保证多级保护的选择性，下一级额定漏电动作电流应小于上一级额定漏电动作电流，各级额定漏电动作电流应有级差1⁄2～2⁄5倍。

第一级漏电保护器安装在配电变压器低压侧出口处。第二级漏电保护器安装于分支线路出口处，被保护线路较短，用电量不大，漏电电流较小。漏电保护器的额定漏电动作电流应介于上、下级保护器额定漏电动作电流之间，一般取 30～75mA。

（2）漏电保护器的额定电压有交流 220V 和交流 380V 两种，家庭生活用电一般为单相电，因此，应选用额定电压为交流 220V 的产品。漏电保护器有 2 极、3 极、4 极的，家庭生活用电一般选择 2 极的漏电保护器。

（3）三相三线式 380V 电源供电的电气设备，应选用三极漏电保护器。三相四线式 380V 电源供电的电气设备或单相设备与三相设备公用的电路，应选用三极四线式、四极四线式漏电保护器。

（4）通常插座回路漏电开关的额定电流选择 16A、20A；开关回路的漏电保护器额定电流一般选择 10A、16A；空调回路的漏电保护器一般选择 16A、20A、25A；总开关的漏电保护器一般选择 32A、40A。

（5）家庭供电线路中使用漏电保护器，是以保护人身安全、防止触电事故发生为主要目的的。因此，应选额定工作电压为 220V、额定工作电流为 6A 或 10A（安装有空调、电热淋浴器等大功率电器时要相应提高 1～2 个级别）、额定剩余动作电流（漏电电流）小于 30mA、动作时间小于 0.1s 的单相漏电保护器。

（6）大型公共场所、高层建筑用于火灾保护的漏电保护器，应选额定剩余动作电流小于 500mA，动作时只发出声光报警而不自动切断主供电电路的继电器式漏电保护器，其他几项参数能满足配电线路实际负荷的相应规格漏电保护器。如设备工作波形中含有直流成分，选择时除考虑"（2）"中的参数外，还应选专用于有直流分量的漏电保护器。

4.1.3 漏电保护器在不同系统中的接线方法

1. 漏电保护器在 TT 系统中的接线方法

图 4-2 所示为漏电保护器在 TT 系统中的接线方法。TT 系统是指电源侧中性线直接接地，有中性线引出，电源为三相四线制供电，这种系统中的 N 线只是工作零线，该系统中设备的保护线不允许与电源的中性线（即 N 线）连接，而电气设备的金属外壳采取保护接地的供电系统。该供电系统主要用于公用变压器供电系统。

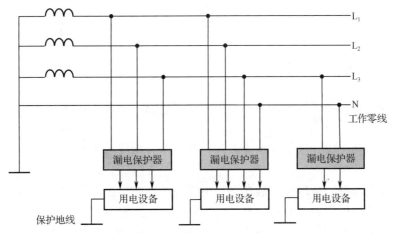

图 4-2 漏电保护器在 TT 系统中的接线方法

2. 漏电保护器在 TN-C 系统中的接线方法

图 4-3 所示为漏电保护器在 TN-C 系统中的接线方法。电气设备的工作零（N）线和保护线（PE）线功能合二为一，称为 PEN，TN-C 系统是指电源侧中性线直接接地，而电气设备的金属外壳通过接中性线而接地。

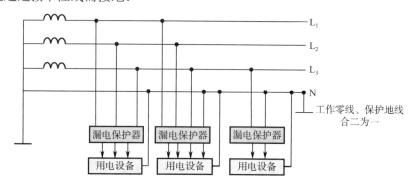

图 4-3　漏电保护器在 TN-C 系统中的接线方法

3. 漏电保护器在 TN-S、TN-C-S 系统中的接线方法

图 4-4 所示为漏电保护器在 TN-S、TN-C-S 系统中的接线方法。TN-S 系统是指电源侧中性线和保护线都直接接地，整个系统的中性线和保护线是分开的。TN-C-S 系统是指电源侧中性线直接接地，整个系统中有一部分中性线和保护线是合一的，而在末端是分开的。

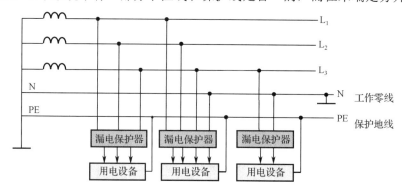

图 4-4　漏电保护器在 TN-S、TN-C-S 系统中的接线方法

4.1.4　漏电保护器的安装要求

（1）安装前，要核实保护器的额定电压、额定电流、短路通断能力、额定漏电动作电流和额定漏电动作时间。

（2）接线一定要正确。注意分清输入端、输出端、相线端子及零线端子，不允许接反、接错。

（3）安装位置选择。应尽量安装在远离电磁场的地方；在高温、低温、湿度大、尘埃多或有腐蚀性气体的环境中的保护器，要采取一定的辅助措施。

（4）室外的漏电保护器要注意防雨雪、防碰砸、防水溅等。

（5）在中性点直接接地的供电系统中，大多采用保护接零措施。当安装和使用漏电保护器时，既要防止用保护器取代不会接零的错误做法，又要避免保护器误动作或不动作。

4.2 开关、插座的分类、要求及其选用

4.2.1 开关、插座的分类

开关的类型很多，有拉线开关、跷板式开关和扳把式开关等。按用途分为一般照明开关、调光开关、调速开关、声光控延时开关、带门铃开关、电子（或机械）式插匙取电开关、电铃开关等。

插座的种类很多，有普通插座、组合插座、防爆插座、带开关及指示灯插座、带熔断器插座、地面插座和组合插座箱等。此外，厨房、卫生间、洗衣机旁等比较容易潮湿溅水的地方一定要安装带防溅盒的防水开关插座。

插座和开关的型号如图4-5所示。

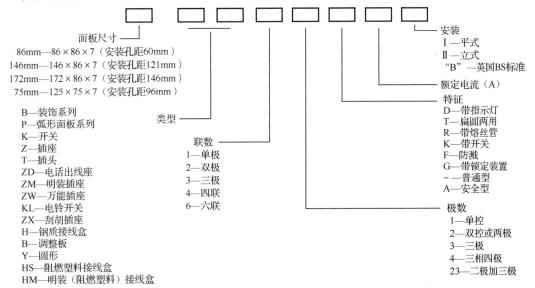

图4-5 插座和开关的型号

开关、插座按尺寸划分规格，主要规格有86系列、118系列、120系列等，如图4-6所示。

86系列是指开关插座产品的长度为86mm、宽度为86mm，该系列使用最为广泛，大家平常见到的方形开关插座都是86型的。可配套一个单元、二个单元或三个单元的功能件。

118系列是指开关插座产品的长度为118mm、宽度为78mm。118型常见的模块以1/2为基础标准，即在一个横装的标准118mm×78mm面板上，能安装下两个标准模块。模块按大小分为1/2、1位两种。

120系列有两种外形尺寸，即开关插座产品的长度为120mm、宽度为78mm或120mm。120mm×78mm称为单联，可配置一个单元、二个单元或三个单元的功能件。120mm×120mm称为双联，可配置四个单元、五个单元或六个单元的功能件。120型常见的模块以1/3为基础标准，即在一个竖装的标准120mm×74mm面板上，能安装小三个1/3标准模块。模块按大小

分为1/3、2/3、1位三种。

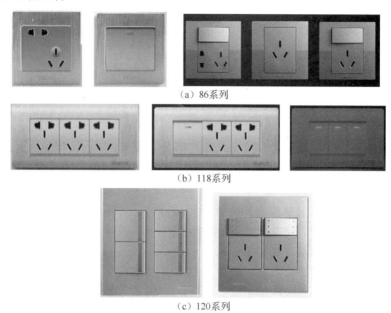

图 4-6　开关插座按尺寸划分的系列

86系列为国家标准，市场上目前有不少产品尺寸有较大的差异，但它们的底盒规格是固定的，即暗装底盒为86mm，明装底盒为77mm。在选择时一定要注意开关与底盒的配套，其他规格产品如146型，在市场上主要为别墅和联体大户型使用，市场面不广。

插座的规格主要有250V级的10A、15A、20A、30A；380V级的15A、25A、30A。插座的额定电流由家用电器的负荷电流决定，一般应按2倍以上负荷电流的大小来选择。家用开关插座的工作电流一般为10A，大功率电器如空调则需选用专用的插座，1.5P以上空调建议选用16A插座。

各种插座如图4-7所示。

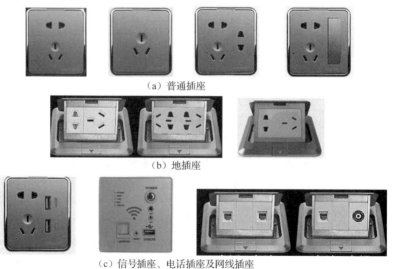

图 4-7　各种插座

4.2.2 开关、插座安装的相关标准和要求

（1）开关的连接形式。开关必须串联在相线上。

（2）开关安装的距离。开关按规定安装在进门一侧，手容易碰到的地方，安装高度在照明平面图中一般是不标注的。拉线开关一般安装在距地 2~3m，距门框 0.15~0.2m，且拉线出口应朝下；其他各种开关安装位置一般距离地面为 1.3m，距门框为 0.15~0.2m。

（3）扳把开关。安装扳把开关时，必须保证开关扳把向上扳是"开"，向下扳是"关"。

（4）潮湿的房间宜安装防水型开关、插座，易燃易爆的场所应安装防爆型开关、插座。

（5）开关、插座暗装时，先将开关盒或插座盒按图纸要求的位置预埋在墙体内。埋设时，应使盒体牢固而平整，盒口应与饰面层平面一致。待接线完毕后将开关或插座面板用螺钉固定在开关盒或插座盒上。

（6）明装插座的安装高度一般为 1.3m，在托儿所、小学校及住宅等不应低于 1.8m。暗装插座一般距地不低于 0.3m，特殊场所不应低于 0.15m。

（7）安装插座时应注意区分相线、零线及保护接地线的正确接线，其接法如图 4-8 所示。插座的接地线必须单独敷设，不允许在插座内与零线孔直接相连，不可与工作零线相混。

① 单相双孔插座。面对插座，右侧孔眼接线柱接相线，左侧孔眼接线柱接中性线（零线）。

② 单相三孔插座。面对插座，上方孔眼（有接地标志）在 TT 系统中接接地线，在 TN-C 系统中接保护中性线，右侧孔眼接相线；左侧孔眼接中性线。

③ 三相四孔插座。面对插座，上方孔眼（有接地标志）在 TT 系统、IT 系统中接接地线，在 TN-C 系统中接保护中性线，相线则是由左侧孔眼起分别接 L1（A）、L2（B）、L3（C）三相。

相线通常为红色，中性线通常为蓝色，接地线通常为黄绿色。

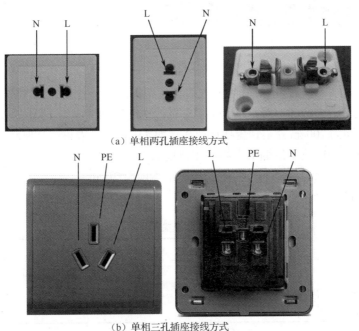

（a）单相两孔插座接线方式

（b）单相三孔插座接线方式

图 4-8 插座接线方式

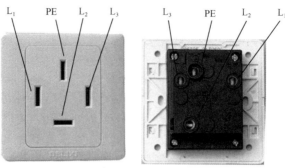

（c）三相四孔插座接线方式

图4-8　插座接线方式（续）

（8）开关、插座后面的线宜理顺并做成波浪状置于底盒内，并且盒内不允许有裸露的铜线。

（9）开关在布线过程中，必须遵循"相线进开关，中性线进灯头"的原则，如图 4-9 所示。

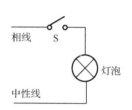

（a）拉线开关外形　　　　　　　　（b）拉线开关接线图

图4-9　相线进开关，中性线进灯头

（10）经验数据。通常，电源开关的安装高度距离地面一般为 120～135cm，以主人使用方便为宜。一般墙上电源插座距地面 30cm 左右。电冰箱的插座为150～180cm，空调、排气扇等的插座距地面为200cm左右，厨房插座离地面110cm，洗衣机的插座距地面120～150cm，欧式抽油烟机插座一般位于油烟机中心线距离地面 220cm 处。空调插座安装应距离地面 2m 以上，在没有特别要求的前提下，插座安装应距离地面 30cm。

照明开关的图形符号见表4-1。

表4-1　照明开关的图形符号

开 关 类 型	图 形 符 号	开 关 类 型	图 形 符 号
单控	●／—	三联双控	／≡ ／≡ ／≡

续表

开 关 类 型	图 形 符 号	开 关 类 型	图 形 符 号
单联双控		四联双控	
双联双控			

双控开关接线端子的识别方法如下:双控开关每联含有一个常开触点和一个常闭触点,每联有 3 个接线端子,分别为常开端子(一般用 L_1 表示)、常闭端子(一般用 L_2 表示)和公共端子(一般用 L 表示或 COM 表示),如图 4-10 所示。

图 4-10 双控开关接线端子的识别

4.2.3 开关、插座的选用方法

现介绍挑选开关、插座产品的几个重点方面。

1. 看 3C 国家强制认证

看背后 3C 符号,一般正规厂家的大部分产品 3C 符号都是直接打上去的,就是说直接在模具上压出来的,仿冒品一般不会压有 3C 标志。也可以在网上查询经销商,如图 4-11 所示。

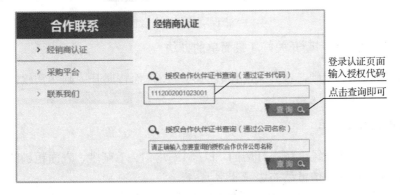

图 4-11 3C 国家强制认证网上查询

2. 看品牌

为了用得放心，开关、插座最好选择大公司或信誉较好的品牌。好的企业都很注意自己的品牌形象，对产品质量的要求较高，售后服务也相对有保障，品质保证通常都会不少于12年。

3. 看内部结构和材质

必要时，可拆开插座、开关的外壳，观察其内部的材料及结构。优质插座、开关内部材质如图4-12所示。好的插套采用锡磷青铜（颜色紫红色），是以一体化工艺制作的，无铆接点、电阻小、不容易发热、更安全耐用，插拔次数可以达到10000次以上，高档的可以达到15000次以上。一般好的开关触点有纯银和银锂合金两种。

图4-12 优质插座、开关内部材质

4. 根据场所不同应该选用不同种类的开关和插座

厨房和卫生间内经常会有水和油烟，插座面板上最好安装防溅水盒或塑料挡板，这样能有效防止因油污、水汽侵入而引起的短路。有小孩的家庭，为防止儿童用手指触摸或用金属物捅插座孔眼，最好选用带保险挡片的安全插座，如图4-13所示。

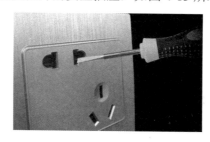

图4-13 带保险挡片的安全插座

5. 感触开关手感是判断开关好坏最简单的办法

好的开关一般弹簧较硬，在开关时比较有力度感，而普通开关则非常软，甚至经常发生开关手柄停在中间位置的现象。

6. 看表面的光洁程度

正规厂家的模具都是经过精心打磨的，PC料不均匀、毛刺多、表面粗糙的产品都不建议购买。尤其是表面边缘，仿冒品的边缘非常毛糙。

最后还是建议通过正规渠道购买，有厂家证书的专卖店和正规商场的产品质量都能够保证。专业品牌的开关插座不仅能做到对人员的保护，更关注到了对家用电器的保护，其售后服务也能及时跟进。

4.3 电度表简介及其接线方式

4.3.1 电度表的分类

测量电能的仪表称为电能表,又称电度表。电度表按结构和工作原理不同可分为机械电度表(感应式)和数字式(电子式)电度表两大类。根据测量对象的不同,电度表可分为有功电度表和无功电度表两类,有功电度表用来测量有功电能,无功电度表用来测量无功电能。电度表既可以计量交流电能,也可以计量直流电能。计量有功电度的电度表又可分为单相电度表和三相电度表两类。此外,还有单相预付费式电度表等,几种单相电度表的外形结构如图 4-14 所示。

(a)单相机械式　　　(b)单相电子式　　　(c)三相电子式　　　(d)单相预付费式

图 4-14　单相电度表的外形结构

电度表的计量单位是"度",1 度电就是指 1 千瓦功率做功 1 小时所消耗的电量,所以又叫千瓦小时,简称 kW·h。例如,一只 1000W 白炽灯,照明了 1h,它所消耗的电能就是 1 度。

电度表型号是用字母和数字的排列来表示的,内容如图 4-15 所示:类别代号+组别代号+设计序号+派生号。

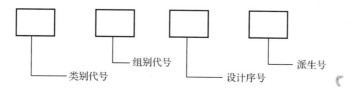

图 4-15　电度表的型号

各代号的含义见表 4-2。

表 4-2　各代号的含义

类别代号		D——电度表
组别代号	表示相线	D——单相;S——三相三线;T——三相四线
	表示用途	D——多功能;S——电子式;X——无功;Y——预付费;F——复费率

如单相电度表 DD862-4 型;三相三线有功电度表 DS971 型;无功电度表 DX864 型;三相四线电子式有功电度表 DTS971 型;DDSY606 表示多功能电子式预付费单相电度表等。

标牌上应包含的信息比较多,如商标、计量许可证标志、名称及型号等,最重要的是基本电流和额定最大电流。基本电流是确定电度表有关特性的电流值，额定最大电流是仪表能满足其制造标准规定的准确度的最大电流值。如5（20）A即表示电度表的基本电流为5A，额定电流为20A，对于三相电度表还应在前面乘以相数，如3×5（20）A。

4.3.2 单相有功电度表的接线方式

1. 直接接入式

机械式单相电度表直接接入式的接线方法如图4-16所示。

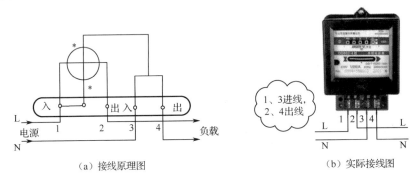

图4-16 机械式单相电度表的接线方法

这种接线的特点如下：电度表的1、3端子与电源连接，2、4端子与负载连接。目前，国产电能表基本都采用这种接线方式。

注意接线方式：单相表直接接入电路，要特别注意，其相线与零线绝不能对调，即电度表中的输入端不能接在零线上，同样，其输出端也不能接在相线上，否则容易造成触电及漏计的后果。

2. 互感器接入式

当被测电路中的电流很大，当电度表的额定电流不能满足测量要求时，可以采用配电流互感器的方法进行测量。

单相有功电度表配电流互感器的接线方法如图4-17所示。

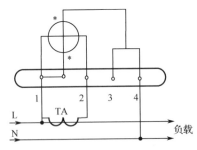

图4-17 单相有功电度表配电流互感器的接线方法

4.3.3 三相有功电度表的接线方式

三相有功电度表按其结构形式,分为三相四线电度表和三相三线电度表。三线四线电度表即三相三元件电度表,型号为 DT 型,额定电压为 3×380V/220V。三相两元件电度表,型号为 DS 型。另外,三相电度表的标称电流的前面全部有"3×"(乘以)的字样,如 3×5(10)A。

1. 三相三线制有功电度表直接接入的接线方法

三相三线制(3×380V、DS 型、两元件电度表)有功电度表直接接入的接线方法如图 4-18 所示。

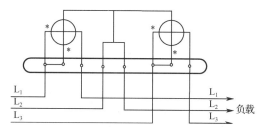

图 4-18 三相三线制有功电度表直接接入的接线方法

2. 三相三线制有功电度表经电流互感器接入的接线方法

三相三线制有功电度表经电流互感器接入的接线方法如图 4-19 所示。

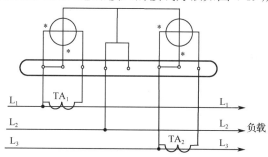

图 4-19 三相三线制有功电度表经电流互感器接入的接线方法

3. 三相四线电度表直接接入的接线方法

三相四线(3×380V/220V、DT 型、三元件电度表)电度表直接接入的接线方法如图 4-20 所示。

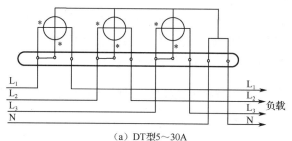

(a) DT型5~30A

图 4-20 三相四线电度表直接接入的接线方法

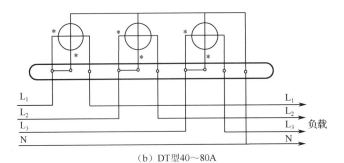

(b) DT型40～80A

图 4-20　三相四线电度表直接接入的接线方法（续）

4. 三相四线制有功电度表经电流互感器接入的接线方法

三相四线制有功电度表经 3 个电流互感器接入的接线方法如图 4-21 所示。

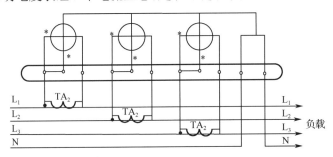

图 4-21　三相四线制有功电度表经 3 个电流互感器接入的接线方法

4.3.4　电度表的安装技术要求

电度表的安装技术要求如下。

（1）电度表应安装在涂有防潮漆的木制底盘或塑料底盘上。

（2）电度表不得安装过高，一般以距地面 1.8～2.2m 为宜。

（3）电度表安装不得倾斜，其垂直方向的偏移不大于 1°，否则会增大计量误差。

（4）电度表的安装部位，一般应在走廊、门厅、屋檐下，切忌安装在厨房、厕所等潮湿或有腐蚀性气体的地方。周围环境应干燥、通风，安装应牢固、无振动。其环境温度不可超过-10℃～50℃的范围，过冷或过热均会影响其准确度。现住宅多采用集表箱安装在走廊。

（5）电度表的进线和出线应使用铜芯绝缘线，芯线截面积不得小于 $1mm^2$。接线要牢固，裸露的线头部分，不可露出接线盒。

（6）对于同一电度表只有一种接线方法是正确的，具体如何接线，一定要参照电度表接线盒上的电路接线。所以，接线前一定要看懂接线图，按图接线。

（7）电度表的标称电流应等于或略大于负荷电流。

4.4 低压空气开关的选用及其安装要求

4.4.1 低压空气开关简介

1. 低压空气开关用途

低压断路器又称自动空气开关或自动空气断路器,是一种重要的控制和保护电器。主要用于交直流低压电网和电力拖动系统中,既可手动又可电动分合电路,还可以在远方遥控操作。它集控制和多种保护功能于一体,既可以接通和分断正常负荷电流和过负荷电流,又可以接通和分断短路电流的开关电器。低压断路器在电路中除起控制作用外,还具有过负荷、短路、过载、欠电压、漏电保护等功能。低压断路器可以手动直接操作,也可以电动操作。

2. 低压空气开关结构与工作原理

低压断路器主要由触头、灭弧装置、操作机构、保护装置等组成。低压断路器的保护装置由各种脱扣器来实现,其脱扣器形式有过电流脱扣器、热脱扣器、欠电压脱扣器、分励脱扣器等。

低压断路器的外形结构如图 4-22 所示。

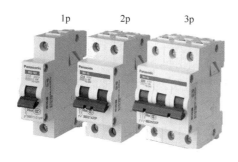
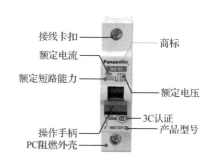

图 4-22 低压断路器的外形结构

断路器的工作原理简图如图 4-23 所示,工作原理如下:低压断路器的主触点依靠操动机构手动或电动合闸,主触点闭合后,锁链和搭钩结构将主触点锁在合闸位置上。

1) 过电流脱扣器

过电流脱扣器的线圈与被保护电路串联,当电路正常工作时,衔铁不能被电磁铁吸合;当线路中出现短路故障时,通过传动机构推动自由脱扣结构释放主触头。主触头在分闸弹簧的作用下分开,切断电路,起到短路保护作用。

2) 热脱扣器

热脱扣器与被保护电路串联,当出现过载现象时,线路中电流增大,双金属片弯曲,通过传动机构推动自由脱扣机构释放主触头,主触头在分闸弹簧的作用下分开,切断电路,起到过载保护的作用。

3) 欠电压脱扣器

欠电压脱扣器并联在断路器的电源侧,当电源侧停电或电源电压过低时,衔铁释放,通过传动机构推动自由脱扣机构，使断路器掉闸，起到欠电压及零压保护作用。

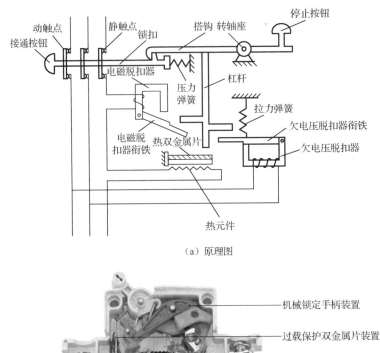

(a) 原理图

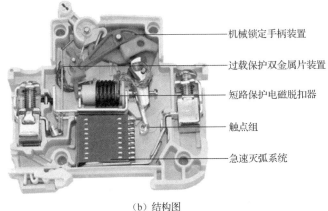

(b) 结构图

图 4-23　断路器的工作原理简图

4.4.2　断路器的分类及其图形符号

1. 断路器的分类

低压断路器的分类方式很多，按极数可分为单级式、二极式、三极式和四极式；按灭弧介质可分为空气式和真空式；按操作方式分为手动操作、电动操作和弹簧储能机械操作；按安装方式可分为固定式、插入式、抽屉式、嵌入式等；按结构形式可分为 DW15、DW16、CW 系列万能式（又称框架式）和 DZ5 系列、DZ15 系列、DZ20 系列、DZ25 系列塑壳式等。低压断路器容量范围很大，最小为 4A，最大可达 5000A。国产型号主要有 DZ、C45、NC、DPN 等系列。

2. 断路器的型号命名及图形符号

低压断路器的型号及图形符号如图 4-24 所示。

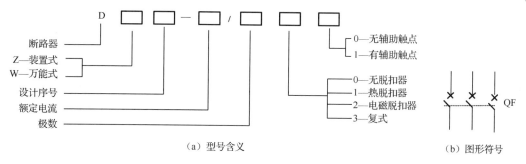

图 4-24 低压断路器的型号及图形符号

4.4.3 断路器的选用

低压断路器的选择主要考虑额定电流、额定电压和壳架等级的电流等参数。

（1）额定电流。低压断路器的额定电流应不小于被保护电路的计算负载电流，即用于步回电动机时，电压断路器的长延时电流整定值等于电动机的电流；用于步回三相笼型异步电动机时，其瞬间整定电流等于电动机电流的 8～15 倍，倍数与电动机的型号、容量和启动方法有关；用于步回三相线绕式异步电动机时，其瞬间整定电流等于电动机电流的 3～6 倍。

（2）额定电压。低压断路器的额定电压应不高于被保护电路的电压，即低压断路器欠压脱扣额定电压等于被保护电路的电压、低压断路器分励脱扣额定电压等于控制电源的额定电压。

（3）壳架等级的电流。低压断路器的壳架等级的电流应不小于被保护电路的计算负载电流。

（4）用于步回和控制不频繁启动电动机时，还应考虑断路器的操作条件和使用寿命。

（5）低压断路器的极限分断能力应大于线路的最大短路电流有效值。

（6）电磁脱扣器是瞬时脱扣整定电流应大于负载正常工作时可能出现的峰值电流。用于控制电动机的断路器，其瞬时脱扣整定电流可按下式选取：

$$I_z \geqslant KI_{st}$$

式中，K 为安全系数，可取 1.5～1.7；I_{st} 为电动机的启动电流。

（7）选用自动空气开关时，在类型、等级、规格等方面要配合上、下级开关的保护特性，不允许因本身保护失灵导致越级跳闸，扩大停电范围。

4.4.4 断路器的安装要求

低压断路器的安装要求见表 4-3。

表 4-3 低压断路器的安装要求

主要事项	具体要求
（1）进出线	电源进线应接于上母线，用户的负载侧出线应接于下母线，向上扳把为合闸，特殊情况下向左扳把为合闸。不允许倒着安装
（2）安装位置	底座应垂直安装于水平位置，并用螺钉固定紧，且断路器应安装平稳，不应有附加阻力
（3）外部母线	接近断路器外部母线应加以固定，以免各种机械应力传递到断路器上
（4）安全距离	应考虑断路器的飞弧距离，即在灭弧罩上部应留有飞弧空间，并保证外装灭弧室至相邻电器的导电部分和接地部分的安全距离

续表

主要事项	具体要求
(5)断电操作	在进行电气连接时,电路中应无电压
(6)隔弧板	不要漏装断路器附带的隔弧板,装上后方可运行,以防止切断电路因产生电弧而引起相间短路
(7)最后检查	安装完毕,应使用手柄或其他传动装置检查断路器工作的准确性和可靠性

低压空气开关在电路中的接线方法如图4-25所示。

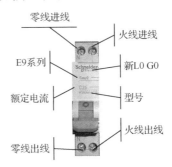

图4-25 低压空气开关在电路中的接线方法

4.5 户内配电箱

4.5.1 户内配电箱简介

户内配电箱是供配电的主要设备之一,它是供电部门与用户用于计量用电量多少的设备。户内配电箱一般来说是一户一表或一个单元一个箱,其外形如图4-26所示。

图4-26 户内配电箱外形结构

户内配电箱内主要包括计量用电量的电度表和主干线断路器,如图4-27所示。一般照明配电箱有标准型和非标准型两种,根据安装方式不同,可分为明装和暗装两种。其分户电表设置在各楼层上楼梯左侧墙上,入户设置室内用户暗装配电箱。

户内配电箱由安装电器元件的盘面和箱体组成,盘面和箱体采用坚固的木板、硬塑料板或薄铁板制作而成。住宅照明配电箱一般由盘面、单相电度表、断路器、漏电保护器等组成。

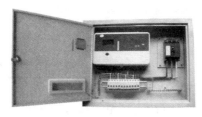

图 4-27　户内配电箱内部装置

4.5.2　户内配电箱安装的基本要求

户内配电盘的安装可分为明装、暗装及半露式 3 种，现代家居一般采用的是暗装形式。户内配电盘安装的具体要求如下。

（1）户内配电盘规格必须符合国家现行统一标准的规定；通常将进线孔靠箱体左边，出线孔安排在中间。

（2）配电箱的安装高度，暗装时底口距地面为 1.4m，明装时为 1.2m，但明装电度表箱应加高到 1.8m。配电箱安装的垂直偏差不应大于 3mm，操作手柄距墙面的距离不应小于 200mm。

（3）配电箱内连接的导线，应采用截面积不小于 2.5mm^2 的铜芯绝缘导线。走线要规矩、整齐，相线、工作零线、保护地线的颜色应严格区分。应排列整齐，绑扎成束，并用卡钉紧固在盘板上。从配电箱中引出和引入的导线应留出适当长度，以利于检修。

（4）相线穿过盘面时，木制盘面需套瓷管头，铁制盘面需装橡皮护圈。零线穿过木制盘面时，可不加瓷管头，只需套上塑料套管即可。

（5）箱体内接线汇流排应分别设立零线、保护接地线、相线，且要完好无损，具良好的绝缘保护。

（6）户内配电盘的金属外壳应可靠接地，接地螺栓必须加弹簧垫圈进行防松处理。

（7）各回路进线必须有足够长度，不得有接头。安装后标明各回路的使用名称。

（8）配电箱内电气开关下方宜设置标牌，标明出线开关所控制的支路名称或编号，并标明电器规格以利于安装及维修。配电箱内的电源母线应有彩色分相标志，一般按表 4-4 所示的规定布置。

表 4-4　电源母线色标安装位置

相　别	色　标	母线安装位置		
		垂直安装	水平安装	引下线
L$_1$	黄	上	后（内）	左
L$_2$	绿	中	中	中
L$_3$	红	下	前（外）	右
N	淡蓝	最下	最外	最右
PE	绿/黄			

4.5.3 配电箱安装的一般规定

（1）安装和调试用各类计量器具，应检定合格，使用时应在有效期内。

（2）动力和照明工程的漏电保护装置应做模拟动作实验。

（3）接地（PE）或接零（PEN）支线必须单独与接地（PE）或接零（PEN）干线相连接，不得串联连接。

（4）暗装配电箱，当箱体厚度超过墙体厚度时，不宜采用嵌墙安装方法。

（5）所有金属构件均应做防腐处理，进行镀锌，无条件时应刷一度红丹，二度灰色油漆。

（6）铁制配电箱与墙体接触部分须做到樟丹油或其他防腐漆。

（7）暗装配电箱时，配电箱和四周墙体应无间隙，箱体后部如已留通洞，则箱体后墙在安装时需要做防开裂处理。

（8）螺栓锚固在墙上用 M10 水泥砂浆，锚固在地面上用 C20 细石混凝土，在多孔砖墙上不应直接采用膨胀螺丝固定设备。

（9）当箱体高度为 1.2m 以上时，宜落地安装；当落地安装时，柜下宜垫高 100mm。

（10）配电箱安装高度应便于操作，易于维护。

4.6 家庭常用配电方式

4.6.1 照明配电网络的基本接线方式

照明配电网络主要是指照明电源从低压配电箱到用户配电箱之间的接线方式。

1. 放射式

放射式接线就是各个分配电箱都由总配电箱用一条独立的干线连接，干线的独立性强而互不干扰，即当某个干线出现故障或需要检修时，不会影响其他干线的正常工作，故供电可靠性较高。但该接线方式所用的导线较多，总配电箱上的电气设备较多，也占用了较多的低压回路，因此，一般多用于较重要的负荷，如图 4-28（a）所示。

2. 树干式

树干式是仅从总配电箱引出一条干线，各分配电箱都从这条干线上直接接线，如图 4-28（b）所示。这种接线方式结构简单、投资少、有色金属用量较少，但在供电可靠性性方面不如放射式。因为如果干线任一处出现故障，都有可能影响整条干线，一般适用于不重要的照明场所。

3. 混合式

混合式接线如图 4-28（c）所示，这种接线方式可根据负荷的重要程度、负荷的位置、容量等因素综合考虑，在实际工程中应用较为广泛。

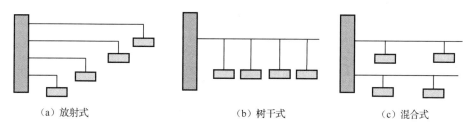

（a）放射式　　　　　　　（b）树干式　　　　　　（c）混合式

图 4-28　照明配电网络的基本接线方式

4.6.2　照明配电网络的典型接线方式

1. 工业厂房照明配电系统

工业厂房的配电系统一般是根据厂房的性质、面积和使用要求，往往采取集中、分层、分区控制的方式。照明干线从车间变电所低压配电箱引入车间总配电箱后，采用放射或树干式引入个区域（层）分配电箱，再由分配电箱引出的支线向各灯具及用电设备供电。

2. 多层公用建筑的照明配电系统

图 4-29 所示为多层建筑的照明配电系统。其用户线直接进入大楼的传达室或配电间的总配电箱，由总配电箱采取干线或立管（竖井）方式向各层分配电箱馈电，再经分配电箱引出支线向房间照明设备供电。

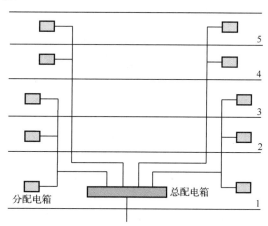

图 4-29　多层建筑的照明配电系统

3. 住宅照明配电系统

住宅照明配电系统如图 4-30 所示。它是以每一楼梯间作为单元，进户线引至该住宅的总配电箱，再由干线引至每一单元配电箱，各单元采用树干式或放射式向各层用户分配电箱馈电。

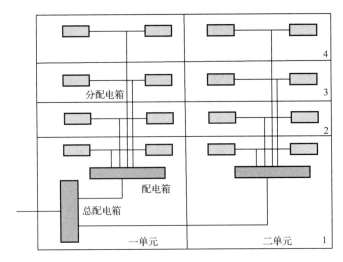

图 4-30　住宅照明配电系统

4.6.3　识读小户型住宅内的配电电路

住宅小区常采用单相三线制，电能表集中装于楼道内。一室一厅配电电路如图 4-31 所示。

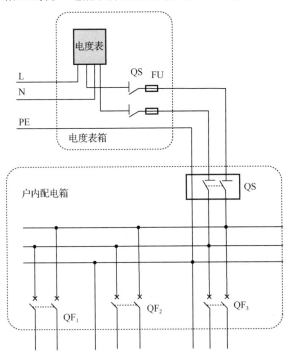

图 4-31　一室一厅配电电路图

一室一厅配电电路中共有 3 个回路，即照明回路、空调回路、插座回路。图 4-31 中，QS 为双极隔离开关；$QF_1 \sim QF_3$ 为双极低压断路器，其中 QF_2、QF_3 具有漏电保护功能。

第 5 章 常用基本技能和工艺

5.1 导线绝缘层的剥离方法

5.1.1 剥线钳剥线

为了导线线芯的连接，导线线头的绝缘层必须剥削除去，电工必须会用剥线钳来剥削绝缘层。

剥线钳的使用方法如下：

（1）根据缆线的粗细型号，选择相应的剥线刀口，如图 5-1（a）所示；

（2）将准备好的电缆放在剥线工具的刀刃中间，选择好要剥线的长度，如图 5-1（b）所示；

（3）握住剥线工具手柄，将电缆夹住，缓缓用力使电缆外表皮慢慢剥落，如图 5-1（c）所示；

（4）松开工具手柄，取出电缆线，这时电缆金属部分就整齐地露出来了，其余绝缘塑料完好无损。

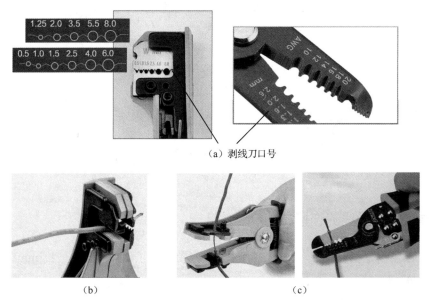

图 5-1 剥线钳的使用方法

5.1.2 电工刀剥线

芯线截面积大于 $4mm^2$ 的硬线塑料可用电工刀来剥离绝缘层,其具体操作步骤与方法如下:

(1) 根据所需的长度用电工刀以 45°切入塑料绝缘层,如图 5-2(a)所示;

(2) 接着使刀面与芯线保持 15°～25°,用力向线端推削,但不可切伤芯线,削去上面一层塑料绝缘层;

(3) 将下面塑料绝缘层向后扳反,如图 5-2(b)所示,最后用电工刀齐根切去。

图 5-2 电工刀剥离硬线塑料绝缘层

塑料护套线的绝缘层用电工刀剥离步骤与方法如下:

(1) 按所需长度用电工刀刀尖对准芯线缝隙划开护套线,如图 5-3(a)所示;

(2) 向后扳翻护套线,用刀齐根切去,如图 5-3(b)所示。

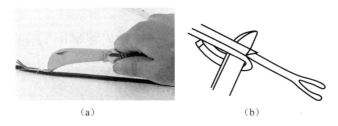

图 5-3 塑料护套线绝缘层的剥离

5.2 导线与导线的连接

常用导线的线芯有单股、多股等多种,线材有铝、铜等,因此,连接方法因芯线的股数及线材的不同而异。

5.2.1 单股铜芯导线的连接

单股铜芯导线是指截面积 $6mm^2$ 以下的绝缘导线,主要有 $1mm^2$、$1.5mm^2$、$2.5mm^2$、$4mm^2$ 和 $6mm^2$ 等。

1. 单股铜芯导线直线(一字)连接

单股直线连接要求缠绕 5～7 圈,如图 5-4 所示。

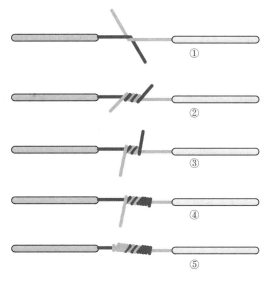

图 5-4 单股直线连接

2. 单股铜芯导线分支（T 字）连接

分支连接有背扣和不背扣两种。将支路芯线的线头与干线十字相交，使支路芯线根部留出 3～5mm，然后按顺时针方向缠绕支路芯线，缠绕 6～8 圈。用钢丝钳切去余下的芯线，并钳平芯线末端，如图 5-5 所示。

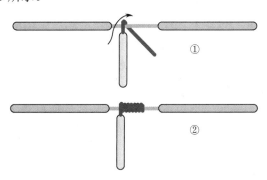

图 5-5 不背扣分支连接

较小截面积芯线可按如图 5-6 所示的方法，环绕成结状，然后将支路芯线线头抽紧扳直，向左紧密地缠绕 6～8 圈，剪去多余的芯线，钳平切口毛刺。

图 5-6 背扣分支连接

3. 单股铜芯导线十字接头连接

单股导线十字接头常用于分支线较多时，接头切剥掉 100～150mm，缠绕 7～10 圈，紧密缠绕，接触要求可靠，如图 5-7 所示。

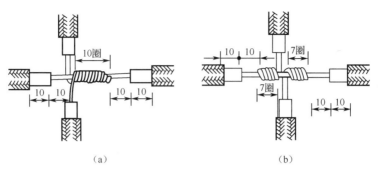

图 5-7 单股铜芯导线十字接头连接

5.2.2 多股导线的连接

1. 多股导线一字形接头的连接

多股导线一字形接头连接又叫自缠法，其方法与步骤如下。

（1）先将绝缘层剥离，然后把两根导线的端头散开成伞状，散开长度一般为 200～400mm，同时用钳子叼住撑直每股导线。

（2）两伞交叉在一起后两边合拢并用钳子敲打，使其紧紧结合在一起且根根理顺，如图 5-8（a）所示。

（3）在交叉中点用同质单股裸线紧密缠绕 50mm，其头部和尾部分别与两边合拢的线芯紧密结合，并从结合处挑起一根或两根线芯将其压住，然后用这挑起的线芯紧密地缠绕合拢的线芯，缠绕圈与合拢线芯的中心轴线垂直，当这挑起的线芯即将缠完时，将其尾部与合拢线芯紧密结合，并从结合处再挑起一根或两根线芯将其压住，再用这两根线芯去缠绕，重复上述动作以达到连接长度，如图 5-8（b）所示。

（4）最后缠绕线芯的尾部约 50mm 与合拢的线芯同样根数紧紧地绞在一起 30～40mm，即小辫收尾，将多余部分剪掉，然后用钳子对其敲打，与导线并在一起，如图 5-8（c）所示。

（5）修正接头，将其理直，包扎绝缘带。

（6）也可从交叉中心另用同质单股线芯缠绕，最后小辫收尾。

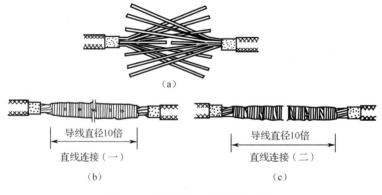

图 5-8 多股导线一字形接头连接

2. 多股导线 T 字形接头的连接

（1）先将绝缘层剥掉 200～400mm 并拉直，并将总线分支点的绝缘层也剥掉 200～250mm。

（2）将导线线芯分成两部分，并从原导线有绝缘层处分成 T 字形，然后将其与分支点挨在一起。

（3）从中点开始向两边分别用上述字缠法将其与总线缠绕，小辫收尾，或用同质单股线芯（线径应大于或等于多股线中每股的线径）绑线缠绕，先把绑线成圈状，将端头拉直与挨在一起的线芯一端对齐并将其合拢到另一端，从这里拐一直角与合拢线芯垂直后向端头方向紧紧缠绕，并将自身也一同缠绕在里边，线圈与之垂直，一直绕到末端，最后于自身的端头小辫收尾，这称为绑线法，如图 5-9 所示。

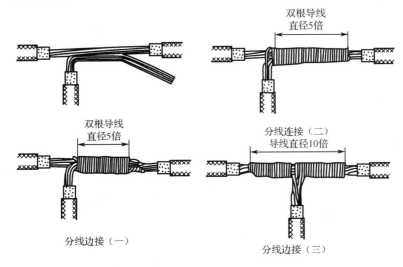

图 5-9　多股导线 T 字形接头的连接

5.3　导线与接线端子的连接

接线端子的结构形式比较多，如图 5-10 所示。

图 5-10　接线端子的结构形式

接线端子的连接方法都是较为简单、快速的，接线端子的接线方法如图 5-11 所示。

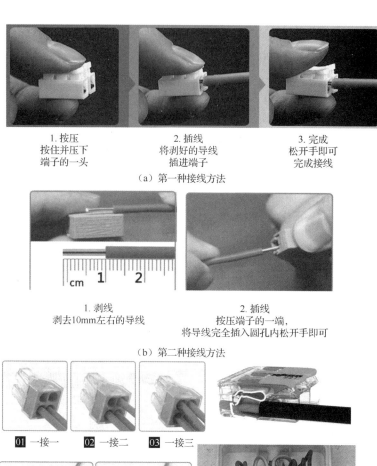

图 5-11 接线端子的接线方法

5.4 导线连接后的绝缘处理

5.4.1 专用绝缘带包扎

普通用电场合,可只用单股黑胶布包扎 2~3 层,或用黄蜡布包扎内层,用黑胶布包扎外层;在潮湿用电场合,应再包一层电工塑料胶带,如图 5-12 所示。各圈之间不可叠得过疏、过密,更不允许有芯线露出。

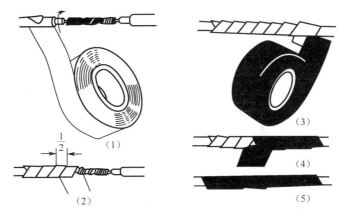

图 5-12　用专用绝缘带包扎

5.4.2　压线帽包扎

压线帽是近年来新兴的线材之一，在电工配线工程中得到大量的使用。压线帽分为铜导线压线帽和铝导线压线帽两种，按形状分有奶嘴型和弹簧旋转式等，如图 5-13 所示。

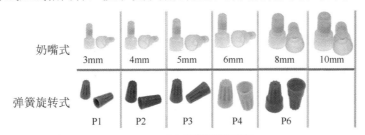

（a）压线帽结构形状

（b）压线帽内部材料

图 5-13　压线帽结构形状

铜导线压线帽分为黄、白、红 3 种颜色，分别适用于截面积 $1.0mm^2$、$1.5mm^2$、$2.5mm^2$ 和 $4.0mm^2$ 2～4 条导线的连接。铝导线压线帽分为铝、蓝两种，分别适用于截面积 $2.5mm^2$ 和 $4.0mm^2$ 2～4 条导线的连接。

压线帽的包扎工艺如图 5-14 所示。

01 准备好压线钳、剥线钳、导线、压线帽等材料　　02 将两根导线拧成一段　　03 将需要压接的压线帽放进钳子中并稍稍用力固定压线帽

04 将导线放进压线帽并用力压接　　05 完成效果图

图 5-14　压线帽的包扎工艺

5.5　灯开关的接线技术及灯电路

5.5.1　一开开关的接线

1. 一开单控开关接线

一开单控开关原理图及接线图如图 5-15 所示。

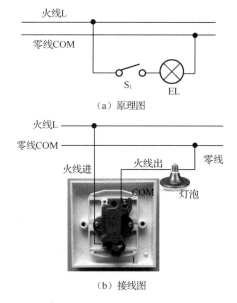

图 5-15　一开单控开关原理图及接线图

2. 一开五孔单控开关接线

一开五孔单控开关原理图及接线图如图 5-16 所示。

第5章 常用基本技能和工艺

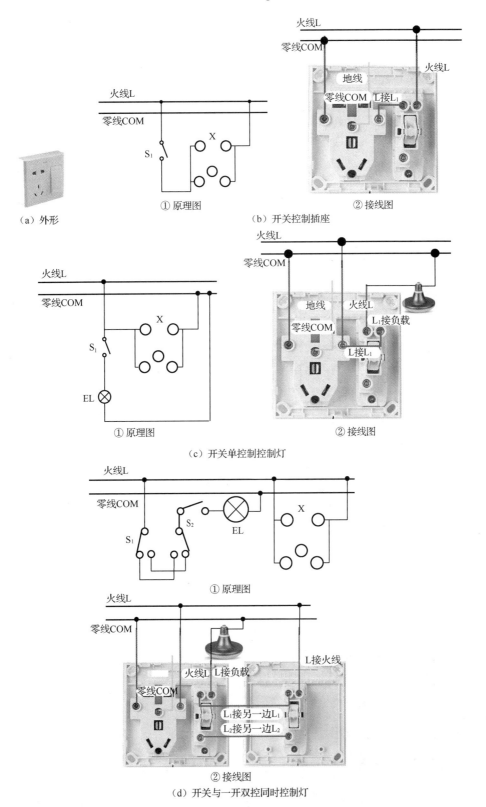

图 5-16 一开五孔单控开关原理图及接线图

5.5.2 一开双控开关的接线（两开关控制一盏灯）

一开双控开关接线原理图及接线图如图 5-17 所示。

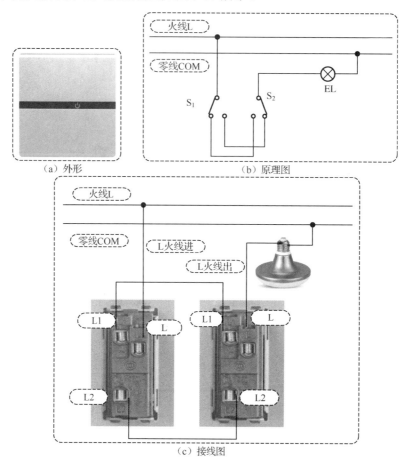

图 5-17 一开双控开关接线原理图及接线图

5.5.3 二开开关的接线

1. 二开五孔单控开关插座接线

二开五孔单控开关插座接线原理图及接线图如图 5-18 所示。

2. 二开多控制开关接线

二开多控制开关接线原理图及接线图如图 5-19 所示。

3. 二开单控开关接线

二开多控制开关接线原理图及接线图如图 5-20 所示。

第5章 常用基本技能和工艺

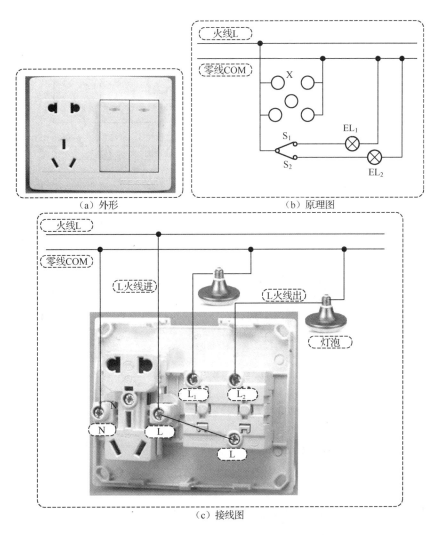

(a) 外形　　(b) 原理图

(c) 接线图

图 5-18　二开五孔单控开关插座接线原理图及接线图

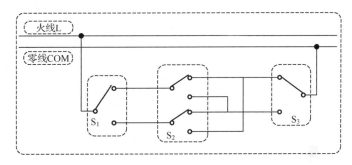

图 5-19　二开多控制开关接线原理图及接线图

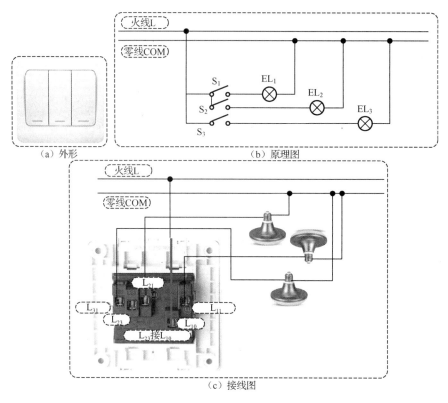

图 5-20 二开多控制开关接线原理图

5.5.4 三开单控开关的接线

三开单控开关接线原理图及接线图如图 5-21 所示。

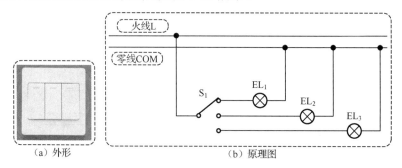

图 5-21 三开单控开关接线原理图及接线图

第5章 常用基本技能和工艺

（c）接线图

图 5-21 三开单控开关接线原理图及接线图（续）

5.5.5 四开单控开关的接线

四开单控开关接线原理图及接线图如图 5-22 所示。

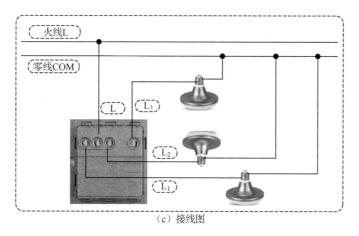

（a）外形　　　　　　　　　　（b）原理图

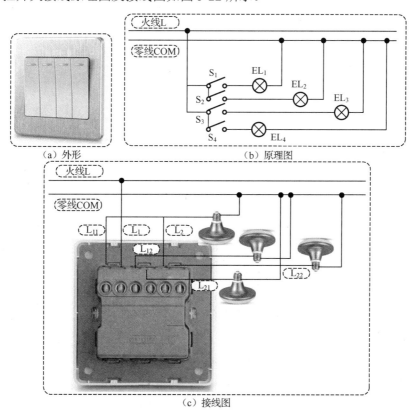

（c）接线图

图 5-22 四开单控开关接线原理图及接线图

5.5.6 多路控制楼道灯电路（一）

用2只双联开关和1只两位双联三地控制1只白炽灯的电路原理图如图5-23所示。这种控制电路适用于在三地控制1只灯，如需要在双人床两边和进入房间通道三处共同控制房间的同1只照明灯等。

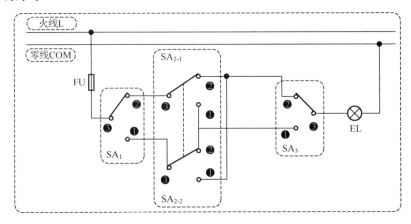

图 5-23 三地控制1只白炽灯电路原理图

图5-23中是一个双刀双掷开关，其中SA_{2-1}为一组，SA_{2-2}为一组，它们是同步切换的。

1. SA_1、SA_2开关的位置固定，只操作SA_3

SA_1、SA_2开关的位置固定，SA_1、SA_2处于图5-23所示的位置，只操作SA_3，当SA_3置于2位置时，灯点亮；当SA_3置于1位置时，灯熄灭。

SA_1、SA_2开关的位置固定，SA_1、SA_2处于图5-24所示的位置，只操作SA_3，当SA_3置于1位置时，灯点亮；当SA_3置于2位置时，灯熄灭。

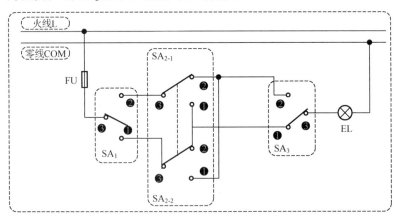

图 5-24 SA_3工作状态原理（一）

SA_1、SA_2开关的位置固定，SA_1、SA_2处于图5-25所示的位置，只操作SA_3，当SA_3置于1位置时，灯点亮；当SA_3置于2位置时，灯熄灭。

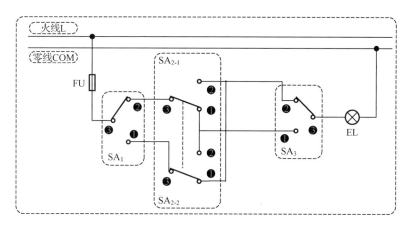

图 5-25　SA_3 工作状态原理（二）

2. SA_2、SA_3 开关的位置固定，只操作 SA_1

SA_2、SA_3 开关的位置固定，SA_2、SA_3 处于图 5-23 所示的位置，只操作 SA_1，当 SA_1 置于 2 位置时，灯点亮；当 SA_1 置于 1 位置时，灯熄灭。

SA_2、SA_3 开关的位置固定，SA_2、SA_3 处于图 5-26 所示的位置，只操作 SA_1，当 SA_1 置于 1 位置时，灯点亮；当 SA_1 置于 2 位置时，灯熄灭。

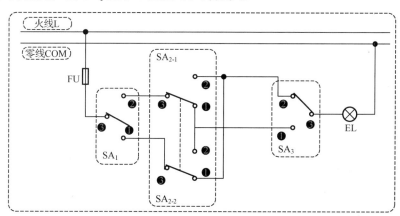

图 5-26　SA_1 工作状态原理（一）

SA_2、SA_3 开关的位置固定，SA_2、SA_3 处于图 5-23 所示的位置，只操作 SA_1，当 SA_1 置于 2 位置时，灯点亮；当 SA_1 置于 1 位置时，灯熄灭。

SA_2、SA_3 开关的位置固定，SA_2、SA_3 处于如图 5-27 所示的位置，只操作 SA_1，当 SA_1 置于 2 位置时，灯点亮；当 SA_1 置于 1 位置时，灯熄灭。

3. SA_1、SA_3 开关的位置固定，只操作 SA_2

SA_1、SA_3 开关的位置固定，SA_1、SA_3 处于图 5-23 所示的位置，只操作 SA_2，当 SA_2 置于 2 位置时，灯点亮；当 SA_2 置于 1 位置时，灯熄灭。

SA_1、SA_3 开关的位置固定，SA_1、SA_3 处于图 5-28 所示的位置，只操作 SA_2，当 SA_2 置于 2 位置时，灯点亮；当 SA_2 置于 1 位置时，灯熄灭。

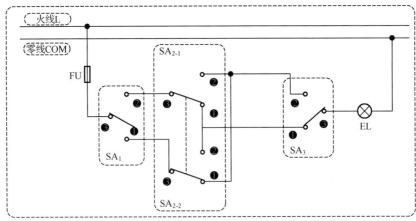

图 5-27 SA₁ 工作状态原理（二）

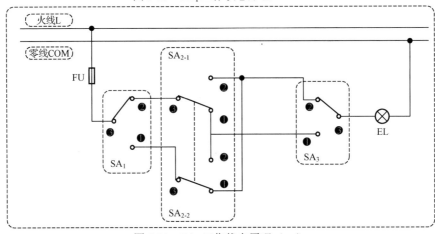

图 5-28 SA₂ 工作状态原理（一）

5.5.7 多路控制楼道灯电路（二）

只要在图 5-23 所示的电路中的两位双联开关后面再增加一只两位双联开关，就构成了一个四地控制电路，多地同时独立控制一只灯的电路，如图 5-29 所示。工作原理不再分析，有兴趣的读者可以自行分析。

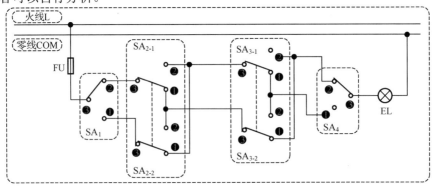

图 5-29 多路控制楼道灯电路图

五地以上多路控制一只灯的电路可以在图 5-29 的基础上增加两位双联开关。

第6章 照明灯具

6.1 家装常见灯具

室内固定式装饰灯具主要有吊灯、吸顶灯、壁灯、空调灯、应急灯等,室内移动式装饰灯具主要有台灯、落地灯、射灯、艺术欣赏灯、手提灯等。由于篇幅所限,下面只对家装中常见的几种基本和艺术欣赏灯具进行介绍。

6.1.1 白炽灯

白炽灯是家用照明中最重要的电光源。白炽灯由钨丝、玻璃泡、灯头、支架和填充气体等构成,如图6-1所示。

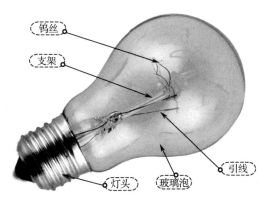

图6-1 白炽灯的外形及结构

玻璃壳的形式较多,但一般都采用与灯泡纵轴对称的形式,如梨形、圆柱形、球形等。

普通白炽灯的灯头起着固定灯泡和接通电源的作用。采用的灯头形式有插口(B15、B22)与螺口(E14、E27、E40)两种。几种灯头的外形如图6-2所示。

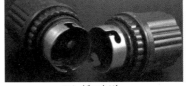

(a) 螺口式灯头　　　　　　　　　　　　　　　(b) 插口灯头

图 6-2　几种灯头的外形图

普通白炽灯的光电参数见表 6-1。

表 6-1　普通白炽灯的光电参数

光源型号	电压（V）	功率（W）	初始光通量（lm）	平均寿命（h）	灯头型号
PZ220-15		15	110		E27 或 B22
25		25	220		
40		40	350		E40/45
100		100	1250		
500		500	8300		
PZS 220-36		36	350		E27 或 B22
60		60	715		
100	220	100	1350		
PZM 220-15		15	107	1000	E27 或 B22
40		40	340		
60		60	611		
100		100	1212		
PZQ 220-40		40	345		E27
60		60	620		
100		100	1240		
JZS 36-40	36	40	550		E27
60		60	880		

6.1.2　日光灯

日光灯又称为荧光灯，是低气压汞蒸气弧光放电灯，也称为第二代光源。它的发光率远比白炽灯高，发光效率可以达到普通白炽灯的 3 倍以上，使用寿命也比白炽灯高 1 倍以上。除比较省电和耐用外，日光灯还非常经济实惠，因此，在大部分场合取代了白炽灯。

1. 日光灯分类

日光灯按启动线路方式分，有预热式、快速启动式和冷阴极瞬时启动式；按功率分，有标准型、高功率型和超高功率型；按形状分，有直管型、环型和紧凑型，其中紧凑型又可分为 2U、3U、H 和双Ⅱ型；按所采用的整流器分，有电感整流器（镇流器）和电子整流器；直管型荧光灯管按光色分，有三基色荧光灯管、冷白日光色荧光灯管和暖白日光色荧光灯管；按功率分，有 5W、7W、9W、11W、13W、15W、18W 等规格。按照灯管直径分类，常有 T4、T5、T8、T10、T12 五种，T4 直径约为 12.7mm，T5 直径约为 16mm，T8 直径约为 25mm，T10 直径约为 32mm，T12 直径约为 38mm。几种荧光灯的外形如图 6-3 所示。

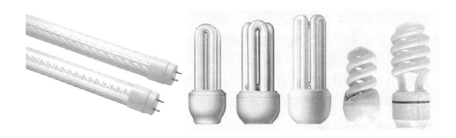

图 6-3　几种荧光灯的外形

2. 镇流器式日光灯工作原理

镇流器式日光灯不能单独使用，必须与镇流器、启辉器或电子线路等配合使用。

启辉器的外形结构如图 6-4（a）所示。在圆筒外壳的两个电极上并接着一个无极性电容（容量 0.005～0.02μF）和一个引出两极的玻璃泡（氖泡），玻璃泡内装有一个 U 形双金属片，泡内充入惰性气体。启辉器的作用如下：在双金属片与接触电极断开的瞬间，借助镇流器的作用，点亮荧光灯。无极性电容的作用：防止启辉器在闭合、断开时所产生的高频电流和辐射对附近无线电设备的干扰。另外，它与镇流器所形成的振荡回路延迟阴极预热时间和脉冲时间，有利于启动，同时还能提高电路的功率因数。

镇流器的外形结构如图 6-4（b）所示。它的构造较简单，是把具有一定匝数的线圈插入铁芯并用铁壳封装起来的。镇流器的作用是启动灯管和限流。

整流器式荧光灯的工作原理如图 6-5 所示。

（a）启辉器

（b）镇流器

图 6-4　启辉器与镇流器

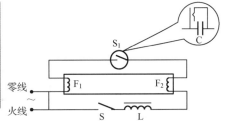

图 6-5　整流器式荧光灯电路原理图

当把开关 S 闭合，220V 的交流电加到镇流器、荧光管灯丝和启辉器 S_1 串联的电路两端时，加在灯管两端的电源电压不足以使灯管启动，但能使启辉器中的氖泡发光放电。辉光放电产生大量的热能，使U形双金属片很快受热向外张开，与杆形固定电极接触，从而接通电路。此时电流的通路：电源相线→开关S→镇流器→灯丝F_2→启辉器S_1→灯丝F_1→零线，这个电流称为启动电流。

灯丝在启动电流下加热，温度迅速升高，同时产生大量的电子发射。当启辉器两个电极闭合后，辉光放电消失，电极很快冷却，双金属片由于冷却而恢复原状，与杆状固定电极断开。当启辉器突然切断灯丝的预热回路时，镇流器上产生一个很高的感应电动势（800~1500V），再加上电源电压，一起加在灯管两端，使灯丝发射的电子加速运动，进而使汞原子激发、电离，这样灯就被点燃启动了。

灯管启动后，持续的电流局限在灯管内，此时灯管两端的电压降到低于氖泡启辉电压（约140V），所以，启辉器在灯管点燃后就不再起作用。

3. 电子式日光灯工作原理

电子式日光灯电路原理图如图6-6所示，全电路由直流电源电路、启动电路、高频振荡电路和谐振电路四部分组成，其中，直流电源电路由VD_1~VD_4、C_1组成；启动电路由R_1、C_2、VD_6组成；高频振荡电路由R_3~R_8、C_3~C_4、VD_7~VD_8、VT_1~VT_2及脉冲变压器T组成；谐振电路由L_4、C_5~C_6组成。其工作原理如下：220V市电经VD_1~VD_4全波整流和C_1滤波后，得到300V左右的直流电压。

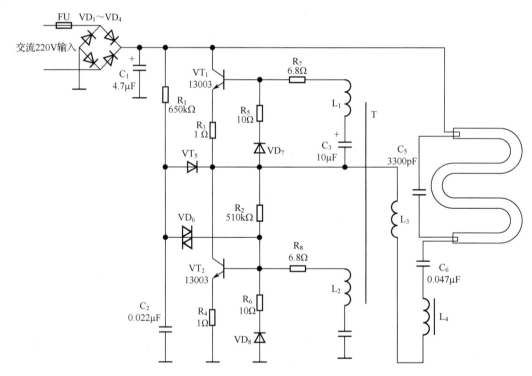

图6-6 电子式日光灯电路原理图

整流后的直流电经过R_1给C_2充电，当C_2上的充电电压达到双向触发二极管VD_6的转折电压时，VD_6导通，驱动三极管VT_1、VT_2轮流导通，产生的脉冲电流经高频振荡电路，由脉冲变压器删除高频脉冲，再由谐振电路形成脉冲高电压点亮灯管。

灯管启辉后，其内阻急剧下降，该内阻并联于 C_5 两端，使 L_2、C_5 串联谐振电路处于失谐状态，故 C_5 两端（即灯管两端）的高启辉电压下降为正常工作电压，维持灯管正常发光。

电子式荧光灯的电路板可以独立一体，再通过连接线与荧光灯连接，如图6-7（a）所示；也可以与荧光灯灯头混为一体，如图6-7（b）所示。

（a）电路板独立

（b）电路板一体

图 6-7 电子式日光灯电路板

4. 常见日光灯光电参数

常见日光灯光电参数见表6-2。

表 6-2 常见日光灯光电参数

类 型		型 号	电压(V)	功率(W)	光通量(lm)	平均寿命(h)	灯管直径×长度($\Phi×L$/mm)
直管形		YZ8RR		8	250	1500	16×322.4
		15RR		15	450	3000	26×451.6
		20RR		20	775	3000	26×604
		32RR		32	1295	5000	26×908.8
		40RR		40	2000	5000	26×1213.6
环形		YH22	220	22	1000	5000	
		22RR		22	780	2000	
单端内启动型	H形	YDN5-H		5	235		27×104
		7-H		7	400	5000	27×135
		H-H		11	900	5000	27×234
	2D形	YDN16-2D		16	1050	5000	138×141×27.5

6.1.3 LED 灯

LED 灯是一种半导体发光器件，它利用固体半导体芯片作为发光材料，当两端加上正向电压时，半导体中的载流子发生复合，引起光子发射而产生光。LED 可以直接发出红、黄、蓝、绿、青、橙、紫、白色的光。

半导体固体发光二极管（LED）作为第三代半导体照明光源，这种产品具有很多优点。家装中常见的 LED 灯主要有 LED 彩虹灯、LED 导线灯、LED 地理灯、LED 幕墙灯及 LED 灯杯等。几种 LED 灯外形如图6-8所示。

图 6-8　LED 灯外形图

1. 体积小

LED 是一块很小的晶片，被封装在环氧树脂里面，所以，它非常小、非常轻。

2. 耗电量低

LED 耗电相当低，一般来说 LED 的工作电压是 2～3.6V，工作电流是 0.02～0.03A。这就是说，它消耗的电能不超过 0.1W。

3. 使用寿命长

在恰当的电流和电压下，LED 的使用寿命可达 10 万小时。

4. 高亮度、低热量

LED 使用冷发光技术，发热量比普通照明灯具低很多。

5. 环保

LED 是用无毒的材料作成的，不像荧光灯含水银会造成污染，同时 LED 也可以回收再利用。

6.2　家装电光源常用术语

下面介绍家装电光源常用术语。

1. 色温

当一个光源的颜色与完全辐射体（黑体）在某一温度下发生的光色相（即颜色）相同时，完全辐射体的温度（绝对温度，单位为开尔文，用 K 表示）就称为此光源的色温。

光源在 800～900K 温度下，黑体辐射呈红色，300K 时呈黄白色，5000K 左右呈白色，在 8000～10000K 呈淡蓝色。光源色温高低会使人产生冷暖的感觉，为了调节冷暖感，可根据不同地区不同场合，采用与感觉相反的光源来处理。

2. 额定电压（U_N）

光源上标注的电压即为额定电压，单位为伏（V）。它说明光源只有在额定电压下工作，才能获得各种规定的特性。

3. 额定功率（P_N）

光源上标注的功率即为额定电压，单位为瓦（W）。也就是所设计的光源在额定电压下工作时输出的功率。

4. 额定光通量（Φ）

光通量指人眼所能感觉到的辐射能量，它等于单位时间内某一波段的辐射能量和该波段的相对视见率的乘积，单位为流明（lm）。在规定条件下工作的初始光通量值，称为额定光通量。

5. 发光效率（η）

发光效率是指光源消耗单位电功率所发出的光通量，单位为流明每瓦（lm/W）。

6. 使用寿命（τ）

光源的使用寿命是指从开始使用到点燃失效的累积时间。

7. 光强度

光强度是指光源在单位时间内向四周空间辐射并引起视觉的总能量，单位是流明（lm）。

8. 亮度

亮度是指单位面光源（$1m^2$）在其法线方向的光强度，单位为坎德拉/平方米（cd/m^2）。

9. 照度

照度是指受照物体单位面积（$1m^2$）上所得到的光通量，单位为勒克斯（lx）。

6.3 家装灯具的分类

1. 按安装方式分类

按安装方式，家居灯具可分为壁灯、发光顶棚、顶棚嵌入式、悬吊式、落地式、台式、顶棚吸顶式等，其外形如图 6-9 所示。

2. 按灯具的用途分类

按灯具的用途分，主要有照明灯具、应急和障碍照明灯具、装饰照明灯具等。

3. 按灯具外壳分类

按灯具外壳分类，主要有开启型、闭合型、密闭型、防腐型、防爆安全型等。

4. 按防触电保护分类

为保证电气安全，灯具所有带电部分必须采用绝缘材料等加以隔离。灯具的这种保护人身安全的措施称为防触电保护，根据防触电保护方式，灯具可分为 0、Ⅰ、Ⅱ、Ⅲ四类。

0 类灯具的安全保护程度低，Ⅰ、Ⅱ 类较高，Ⅲ类最高。一般情况下可采用Ⅰ或Ⅱ类灯具。

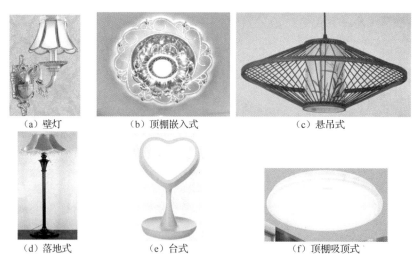

图 6-9 按安装方式分类

5. 按光通量在空间分布分类

1）按光通量在上下空间分布的比例分类

按光通量在上下空间分布的比例分类，主要有直接灯具、半直接灯具、全漫射式灯具、间接灯具、半间接灯具等。

2）按光束角分类

按光束角分类，主要有广照型、均匀配光型、配照型、深照型和特照型等。

6.4 家装灯具的选用

灯具的选择应首先满足使用功能和照明质量的要求，同时要便于安装与维护，并且长期运行费用低。应优先采用高效节能电光源和高效灯具。所以灯具的选择基本原则如下：

（1）合适的配光特性，如光强分布、灯具表面亮度、保护角等；

（2）符合使用场所的环境条件；

（3）符合防触电保护要求；

（4）经济性好，如灯具光输出比、电气安装容量、初投资及维护运行费用；

（5）外形与建筑风格相协调。

1. 客厅中灯饰的选择

客厅是用于接待客人、家庭团聚、休息、会客和娱乐的场所，需要具备一种友好亲切的氛围。客厅的照明应采用一般照明、装饰照明和重点照明相结合的方式。

1）一般照明

客厅的一般照明常选用吊灯或吸顶灯，如果客厅高超过 3.5m，就应该选用档次高、规格尺寸稍大一些的吊灯或吸顶灯；如果客厅的层高为 3m 左右，最好选用中档豪华型的吊灯；如果层高为 2.5m 以下，最好用中档装饰性吸顶灯。

2）装饰照明和重点照明

根据客厅功能要求，采用如台灯、地灯、壁灯、小型射灯或设置发光灯槽、嵌入式筒灯等建筑化装饰照明手段，形成多种组合的照明方式。

2. 卧室中灯饰的选择

卧室是休息的房间，它要求有较好的私密性，所以，卧室的灯光设计主要是创造一个安静、柔和、温馨的光环境。

卧室的一般照明可以选择一盏吸顶灯（半透明型灯罩）或一盏吊灯，在吊灯的光色中还可以适当加入一些红色或紫色，以增加室内温馨浪漫、神秘的氛围。

卧室的装饰照明和重点照明主要创造空间气氛和满足其他功能用。可在墙上和梳妆镜旁安装壁灯；床头配床头灯等。

3. 书房中灯饰的选择

书房是人们工作、学习的地方，环境应是文雅幽静、简洁明快的，而且其光线最好是从左上方照射，所以，书房照明应以明亮、柔和为原则，同时要避免眩光。一般照明可采用光线柔和的吸顶灯，局部照明可选一盏光线集中的台灯。

4. 餐厅中灯饰的选择

餐厅的照明应以突出餐厅表面为目的，光线应保持明亮，但不刺眼，光色应偏暖色，这样才能使菜肴的色泽看起来让人更有食欲。

餐厅里，最重要的光源显然应在餐桌上方，所以，灯饰一般用垂悬的吊灯，而且吊灯不能安装太高，在用餐者的视平线上即可。如果家里使用的是长方形餐桌，可以选择安装两盏吊灯或长的椭圆形吊灯，吊灯最好有光的明暗调节器与可升降功能。

餐厅的天花板和四壁也要有充足的光线，否则会影响用餐者的心情和食欲，所以，在这里最好采用射灯或壁灯辅助照明。

5. 厨房中灯饰的选择

厨房是家庭中最繁忙、劳务活动最多的地方，一般面积都较小，一般可选择白炽灯或荧光灯。

灶台上方一般设置抽油烟机，机罩内有隐形小白炽灯，供灶台照明。因为有的家庭把厨房兼作餐厅，这时候就应该在餐桌上方设置单罩升降式或单层多叉式吊灯。

6. 卫生间、浴室灯饰的选择

卫生间、浴室的照明应该用明亮柔和的光线均匀低照亮整个空间，所以，可选用吸顶灯或设置发光顶棚，同时要选用暖色光源，创造出温暖的环境。同时，还应采用具有防潮和不易生锈的灯具。

7. 门厅与走道

门厅是家居总体印象的开始，常要求光线明亮，以增加空间的开阔感；走道则要求光线比较柔美，亮度不宜太高。门厅与走道照明方式主要采用顶部照明，如吸顶灯或设置光带、光槽等。

第7章 家装水电暖工识图

7.1 家装电气工程图

7.1.1 电气工程图中的图形符号及文字符号

在电气工程图中，元件、设备、装置、线路及安装方法等，都是借用图形符号和文字来表达的。识读电气工程图，首先要了解和熟悉这些符号和形式、内容、含义及它们之间的相互关系。

在家装工程中，电气工程施工图中常用图纸的图形符号、字母见表7-1～表7-5。

表7-1 导线敷设方式文字符号

新 符 号	旧 符 号	导线敷设方式	新 符 号	旧 符 号	导线敷设方式
E	M	暗装方式	FPC	ZVG	穿PVC半管敷设
F	—	金属软管	K	CP	绝缘子或瓷柱敷设
T	DG	穿电线管敷设	PR	XC	PVC线槽敷设
C	A	明装方式	SR	GC	钢线槽敷设
SC	G	穿焊接钢管敷设	CP	SPG	穿蛇皮管敷设
PC	VG	穿PVC硬管敷设			

表7-2 导线敷设部位文字符号

新 符 号	旧 符 号	导线敷设部位	新 符 号	旧 符 号	导线敷设部位
WE	QM	沿墙敷设	WC	QA	暗敷在墙内
CLE1	ZM1	沿柱敷设	BC	LA	暗敷在梁内
BE1	LM1	沿屋架敷设	CLC	ZA	暗敷在柱内
CE	PM	沿天棚或顶面敷设	CC	PA	暗敷在顶板内
BE2	LM2	跨屋架敷设	ACC	PNA	暗敷在不上人的吊顶内
CLE2	ZM2	跨柱敷设	FC	DA	暗敷在地下

第7章 家装水电暖工识图

表 7-3 灯具类型文字符号

灯具类型名称	文字符号	灯具类型名称	文字符号
普通吊顶	P	荧光灯	Y
壁灯	B	吸顶灯	D
花灯	H	投光灯	T
马路弯灯	MD	泛光灯	FD
事故照明灯	SD	防尘灯、防水灯	FS
水晶底罩灯	J	防水防尘灯	F
柱灯	Z	搪瓷伞罩灯	S

表 7-4 灯具安装方式文字符号

新符号	旧符号	灯具安装方式	新符号	旧符号	灯具安装方式
CP	X	线吊式	CP3	—	吊线器式
CP1	X1	固定线吊式	CH	L	链吊式
CP2	X2	防水线吊式	CR	DR	顶棚内安装
R	R	墙壁内安装	WR	BR	墙壁内安装
S	D	吸顶式或直附式	T	—	台上安装
W	B	壁装式	SP	—	支架上安装
CL	—	柱上安装	HM	—	座装

表 7-5 照明电路中常用的元器件电气图形符号

符号名称	图形符号（GB 4728）	文字符号（GB 7159）	符号名称		图形符号（GB 4728）	文字符号（GB 7159）
普通白炽灯	⊗	E 或 EL	开关一般符号			S
天棚灯	◐		三极开关	一般符号		
花灯	⊗			暗装		
矿山灯	⊖			密闭（防火）		
防爆灯	○			防爆		
安全灯	⊖					
球形灯	●					
壁灯	◗					

85

续表

符号名称	图形符号（GB 4728）	文字符号（GB 7159）	符号名称	图形符号（GB 4728）	文字符号（GB 7159）
单管荧光灯		E 或 EL	单极拉线开关		S
投光灯一般符号			单极双控拉线开关		
聚光灯			单极三线双控开关		
泛光灯			多拉开关		
弯灯			调光器		
局部照明灯			照明配电箱（屏）		AL
防火防尘灯			动力或动力-照明配电箱		AP
探照灯			多种电源配电箱（屏）		AA
专用电路事故照明灯		E 或 EL	直流配电盘（屏）		AZ
信号灯			事故照明配电箱（屏）		AL
防爆荧光灯			交流配电盘（屏）		AJ
带接地插孔单相插座	一般符号		X 或 XS	单项插座	一般符号		X 或 XS
	暗装				暗装		
	密闭（防水）				密闭（防水）		
	防爆				防爆		
带接地插孔三相插座	一般符号		X 或 XS	电信插座符号		
	暗装					
	密闭（防水）					
	防爆					

7.1.2 连接线的基本表示方法

导体包括连接线、端子和支路,符号见表 7-6～表 7-9。

表 7-6 连接线

名 称	图形符号	说 明
连接、连接连线组	———————	示例:导线、电缆、电线、传输通路
连接、连接连线组	三根导线 /// 3	如果单线表示一组导线时,导线的数量可用相应数量的短斜线或一条短斜线后加表示导线数量的数字 示例:表示 3 根导线
连接、连接连线组	-------- 100 ———————— $2\times120mm^2AL$	可标注附加信息,如电流种类、配电系统、频率、电压、导线数、每根导线的截面积、导线材料的化学符号 导线数量及其截面积,并用"×"号隔开 若截面积不同,应用"＋"号分别将其隔开 示例:表示直流电路,110V,2 根截面积 $120mm^2$ 铝导线
连接、连接连线组	3/N～400/230V50Hz ———————— $3\times120mm^2+1\times50mm^2$	示例:三相电流,400/230V,50Hz,3 根截面积 $120mm^2$ 的铝导线,一根截面积 $50mm^2$ 的中性线
屏蔽导线		如果几根导体包在同一个屏蔽内或同一电缆内,或者绞合在一起,但这些导体符号和其他导体符号互相混杂,可用本表电缆中的导线的画法。屏蔽、电缆和绞合线符号可画在导体混合组符号的上边、下边或旁边,应用连在一起的指引线指到各个导体上表示它们在同一屏蔽、电缆和绞合线组内
绞合导线		表示出两根
电缆中的导线		表示出 3 根
电缆中的导线		示例:5 根导线,其中箭头所指的两根在同一电缆内
同轴对		若同轴结构不再保持,则切线只画在同轴的一边 示例:同轴对连接到端子
屏蔽同轴对		—

表 7-7　连接、端子和支路

名　称	图形符号	说　明
连接、连接点	●	—
端子 端子板	○ ▭	—
T 形连接 形式1		—
形式2		由形式 1 这种符号增加连接符号
形式3		导体的双重连接
支路		一组相同并重复并联的电路的公共连接应以支路总数取代"n"。该数字置于连接符号旁 示例：表示 10 个并联且等值的电阻
		在该点多重导体连接在一起，形成多项相同的中性点 示例：三相同步发电机的单线表示法 绕组每相两端引出，示出外部中性点的三相同步发电机

表 7-8　专用导线电气图形符号

名　称	图形符号	名　称	图形符号
中性线		保护线和中性线共用线	
保护线		示例：具有保护线和中性线的三相配电	

表 7-9　配线电气图形符号

名　称	图形符号
向上配线，箭头指向图纸的上方	
向下配线，箭头指向图纸的下方	
垂直通过配线	
盒的一般符号	○
接线盒、连接盒	⊙
用户端，供电输入设备，示出带有配线	
配电中心，示出五路馈线	

导线特征的标注格式见表7-10。

表7-10 导线特征的标注格式

种类	第一种标注格式	第二种标注格式
格式	$a-d(e \times f)-g-h$	$a-d-k-e \times f-g-h$
说明	a——线路编号和功能符号 d——导线型号 e——导线根数 f——导线截面积 g——导线敷设方式符号 h——导线敷设部位符号	a——线路编号和功能符号 d——导线型号 e——导线根数 f——导线截面积 g——导线敷设方式符号 h——导线敷设部位符号 k——电压（V）
示例	例1：$1-BLV(2 \times 10)-TC25-WC$ 表示1号线用直径25mm的电线管（TC），沿墙暗敷（WC）2根截面积为10mm²的塑料绝缘导线（BLV） 例2：$BX(3 \times 35+1 \times 25)-SC50-FC$ 表示用直径50mm的煤气管（SC）敷设3根截面积为35mm²和1根截面积为25mm²的橡皮绝缘铜线（BX），暗敷在地面内（FC）	例： $0-BV-500-3 \times 6+1 \times 2.5-PC20-WC$ 表示0号导线用500V的铜芯塑料线（BV）、截面积6mm²的导线3根、截面积2.5mm²的导线1根，用直径为20mm的硬塑料管（PC）沿墙暗敷（WC）

7.1.3 电气设备的标注方式

在电气照明平面图中，要标注设备的编号、型号、规格、数量、安装和敷设方式等信息。常用电气设备的标注方式见表7-11。

表7-11 常用电气设备的标注方式

类别	标注方式	说明	举例
电力和照明设备	1. 一般标注法 $a\dfrac{b}{c}$ 或 $a-b-c$ 2. 标注引入线的规格 $a\dfrac{b-c}{d(e \times f)-g}$	a——设备编号 b——设备型号 c——设备功率（kW） d——导线型号 e——导线根数 f——导线截面（mm²） g——导线敷设方式及部位	例：$2\dfrac{Y}{10}$ 表示电动机的编号为第2，型号为Y系列笼型感应电动机，额定功率为10kW
开关及熔断器	1. 一般标注法 $a\dfrac{b}{c/i}$ 或 $a-b-c/i$ 2. 标注引入线的规格 $a\dfrac{b-c/i}{d(e \times f)-g}$	a——设备编号 b——设备型号 c——设备电流（A） d——导线型号 e——导线根数 f——导线截面（mm²） g——导线敷设方式及部位 i——整定电流或熔体额定电流（A）	例1：HK-10/2 表示开启式负荷开关，串联熔断器，额定电流为10A，2极 例2：RC-5/3 表示插入式熔断器，额定电流为5A，熔体额定电流为3A

续表

类别	标注方式	说明	举例
照明灯具	1.一般标注法 $a-b\dfrac{c\times d\times L}{e}f$ 2.灯具吸顶安装 $a-b\dfrac{c\times d\times L}{-}f$	a——灯数 b——型号或编号 c——每盏照明灯具的灯泡数 d——灯泡容量（W） e——灯泡安装高度（m） f——安装方式 L——光源种类	例1：$3-Y\dfrac{2\times 40}{2.5}C$ 表示房间内有3盏型号相同的荧光灯（Y），每盏灯由2只40W灯管组成，安装高度为2.5m，链吊式（C）安装。 例2：$6-J\dfrac{1\times 40}{-}$ 表示走廊及楼道有6盏水晶罩灯（J），每盏灯为40W，吸顶安装（—）
交流电	$m\sim fu$	m——相数 f——频率（Hz） u——电压（V）	

7.2 识读家装电气图纸

7.2.1 常用的家装电气工程图

常用的建筑电气工程图主要有以下几类。

1. 说明性文件

（1）图纸目录。内容有序号、图纸名称、图纸编号、图纸张数等。

（2）设计说明（施工说明）。主要阐述电气工程设计依据、工程的要求和施工原则、建筑特点、电气安装标准、安装方法、工程等级、工艺要求及有关设计的补充说明等。

（3）图例。即图形符号和文字代号，通常只列出本套图中涉及的一些图形符号和文字代号所代表的意义。

（4）设备材料明细表。列出该相电气工程所需要的设备和材料的名称、型号、规格及数据数量，供设计概算、施工预算及设备订货时参考。

2. 布置图

布置图是表现各种电气设备和器件的平面与空间的位置、安装方式及其相互关系的图纸。通常由平面图、立面图、剖面图及各种构件详图等组成。一般来说，布置图是按三视图绘制的。图7-1所示为标准客房顶棚接线布置图，图7-2所示为标准客房配电平面布置图。

3. 电气系统图

系统图是表现电气工程的供电方式、电力输送、分配、控制和设备运行情况的图纸。系统图可以反映不同级别的电气信息，如照明系统图、弱电系统图等。系统图一般应体现配电箱的型号，开关规格、型号及特殊功能，进、出线电线的规格，出线的敷设方式等。

4. 电气平面图

电气平面图是表示电气设备、装置与线路平面布置的图纸，是进行电气安装的主要依据。

第7章 家装水电暖工识图

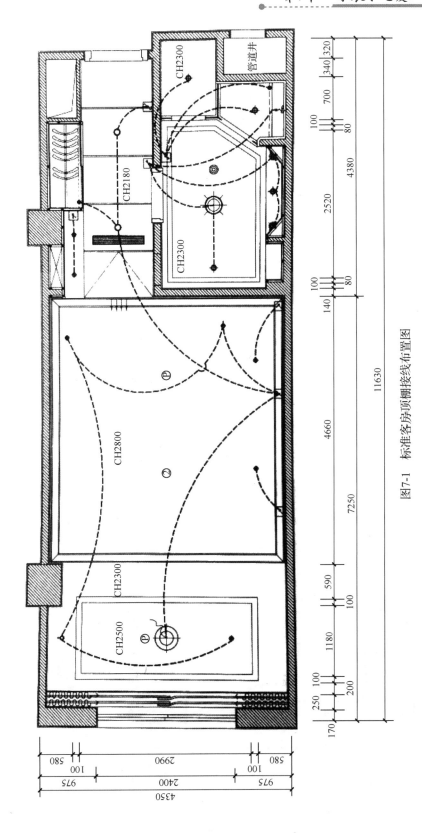

图7-1 标准客房顶棚接线布置图

91

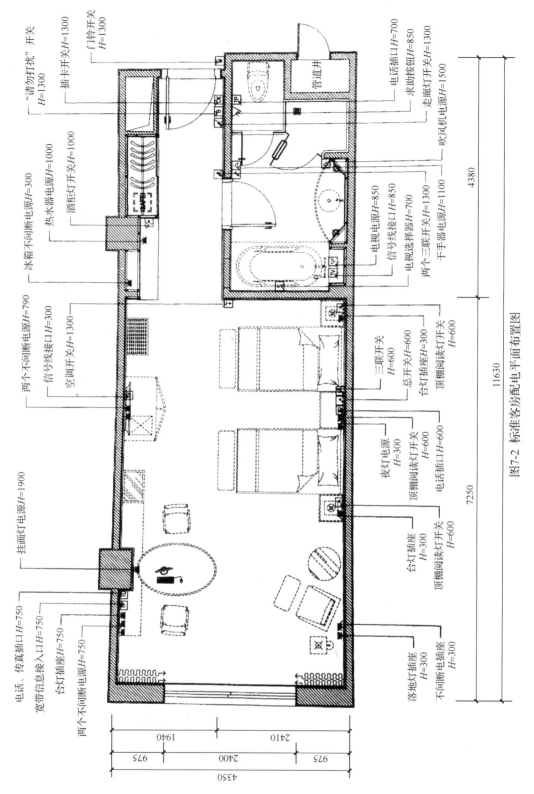

图7-2 标准客房配电平面布置图

第7章 家装水电暖工识图

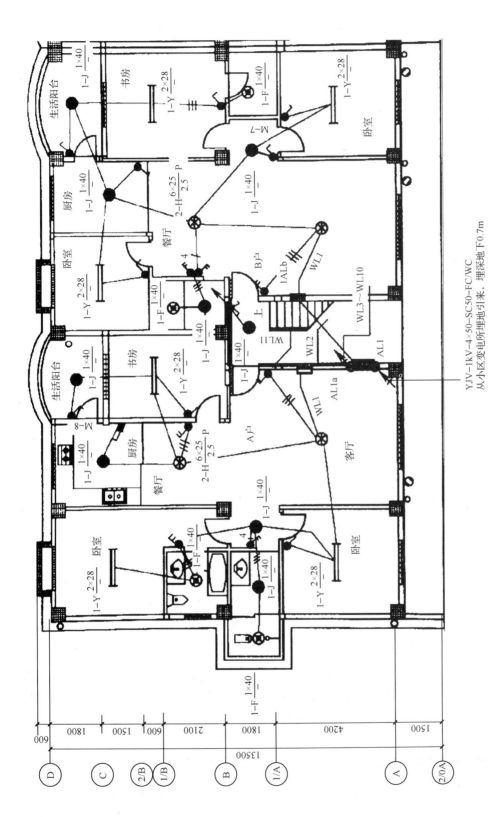

图7-3 某一梯两户一层照明平面图

电气平面图以建筑平面图为依据,在图上绘出电气设备、装置及线路的安装位置,敷设方法等。家装中常用的电气平面图有照明平面图、接地平面图、弱电平面图、综合布线系统平面图、火灾自动报警系统施工平面图等。某一梯两户一层照明平面图如图7-3所示。

5. 安装接线图

安装接线图在现场常称为安装配线图,主要是用来表示电气设备、电气元件和线路的安装位置、配线方式、接线方法、配线场所特征的图纸。

6. 电路图(电路原理图)

电路原理图简称为电路图,主要是用来表现某一电气设备或系统的工作原理的图纸,电路图可以用来指导电气设备和器件的安装、接线、调试、使用与维修。

7.2.2 照明接线的两种表示方法

1. 原理图、平面图(工程图)、透视图、接线图的关系

由于一般照明平面上的导线都比较多,在图纸上不可能一一表示清楚,因此,在读图过程中,可另外画出照明、开关、插座等的实际连接示意图,这种图称为透视图,也称为斜视图。透视图画起来虽然麻烦一点,但对读图却有很大的帮助。

单个开关控制一只灯的原理图、平面图、透视图如图7-4所示。

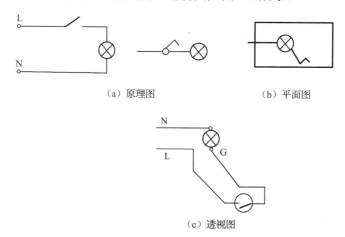

(a)原理图　　　　　　　　(b)平面图

(c)透视图

图7-4　单个开关控制一只灯的原理图、平面图、透视图

可以看出,平面图和实际接线图是有区别的。由图7-4可知,电源与灯座的导线和灯座与开关之间的导线都是两根,但其意义却不同。电源与灯座的两根导线,一根为直接灯座的中性线(N),另一根为相线(L),中性线直接接灯座,相线必须经开关后再接灯座;而灯座与开关之间的两根导线,一根为相线,另一根为控制线(G)。

2. 照明接线的两种表示方法

为讲清照明线路接线的两种表示方法,下面先以某单元的简单照明电路为例进行介绍,如图7-5所示。

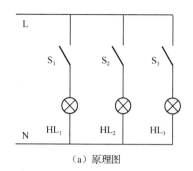

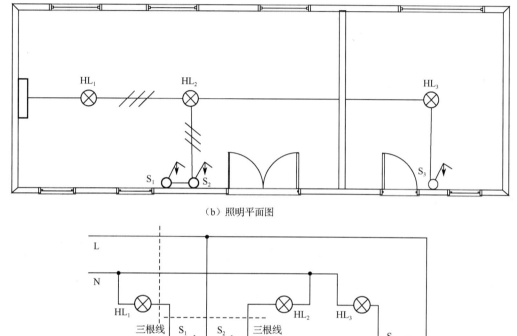

图 7-5 某单元的简单照明电路

在电气照明平面图中,照明接线主要有直接接线法和共头接线法两种方式。

直接接线法是用导线从线路上直接引线连接,导线中间允许有接头的接线方法。图 7-5(b)所示的电路直接接线法如图 7-6(a)所示,灯 HL_1 的相线引自开关 S_1,而中性线则在总中性线 N 上接出,这样,在总中性线有接点。图 7-6(a)的细虚线表示在平面布置图 7-5(b)中,此处应示出 3 根导线。直接接线法虽然能够节省导线,但不便于检测维修,所以使用并不很广。图 7-5 中 S_1、S_2、S_3 分别控制灯 HL_1、HL_2、HL_3。

图 7-6(b)是直接接线法的配线图,图中用了 9 根配线管,3 个接线盒。

共头接线法是导线只能通过设备的接线端子引线,导线中间不允许有接头的接线方法。如图 7-7 所示,总中性线只能通过灯的接线端子接线,在其中间没有任何接头。

采用共头接线法导线用量较大,但由于其可靠性比直接接线法高,且检修方便,因此,被广泛采用。图 7-7 中用了 5 根配线管,没有接头接线盒。

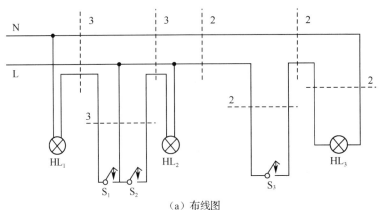

（a）布线图

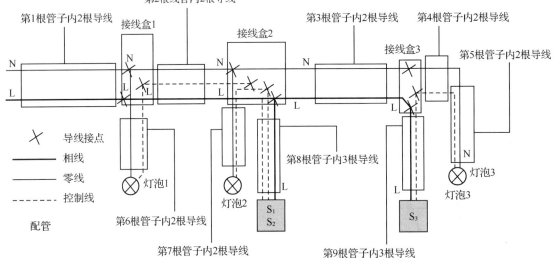

（b）配管图

图 7-6　直接接线法

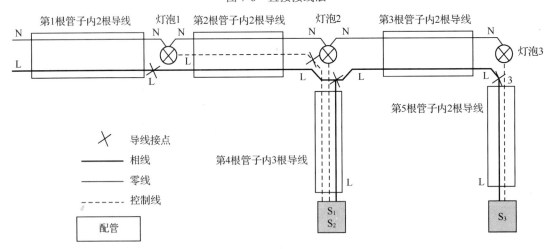

图 7-7　共头接线法

从图 7-6 和图 7-7 中可以看出,家装电工实际需要的是配管图,但现实中是没有配管图的。就是说,一定要熟练掌握平面图,配管图是从平面图中"勾画"出来的。当然,现实中的布线图也比较少,从布线图线也可"想出"配管图。

为了便于理解平面图与配管图之间的关系,以图 7-8 所示客厅到卧室的支线为例,画出了配管图。共头接线法不得在管线中间进行导线连接,而只能在接线盒或灯头及开关盒内进行。

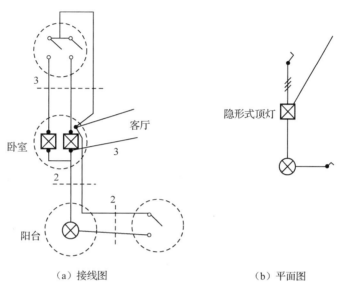

图 7-8　客厅到卧室支线的平面图与配管图

7.2.3　识读家装电气图纸的方法

1. 电气照明施工图读图要点

识读电气照明平面图一般按照电源进线→照明配电箱(配电盘)→照明干线→照明设备的顺序进行。

(1)进线回路编号、进线线制、进线方式、导线或电缆的规格型号、敷设方式和部位,穿线管的规格型号。

(2)配电箱的规格型号及编号,各开关或熔断器的规格型号和用电设备的编号、名称及容量。

(3)配电箱、柜、盘有无漏电保护装置,其规格型号、保护级别及范围。

(4)用电设备若为单相的,还应注意其分相情况。

2. 照明平面图读图要点

阅读照明平面图时,应注意并掌握以下内容。

(1)灯具、插座、开关的位置、规格型号、数量,照明配电箱的规格型号、台数、安装位置、安装高度及安装方式,从配电箱到灯具和插座安装位置的管线规格、走向及导线数和敷设方式等。

（2）电源进户线的位置、方式，线缆规格型号，总电源配电箱的规格型号及安装位置，总配电箱与各分配电箱的连接形式及线缆规格型号等。

（3）核对系统图与照明平面图的回路编号、用途名称、容量及控制方式是否相同。

（4）建筑物为多层结构时，上下穿越的线缆敷设方式（管、槽、竖井等）及其规格、型号、根数、走向、连接方式（盒内、箱内式），上下穿越的线缆敷设位置的对应。

（5）其他特殊照明装置的安装要求及布线要求、控制方式等。

7.2.4　识读两室一厅住宅照明电路图

图 7-9 所示为两室一厅住宅照明电路，识读电气照明平面图时，应按下述步骤进行。

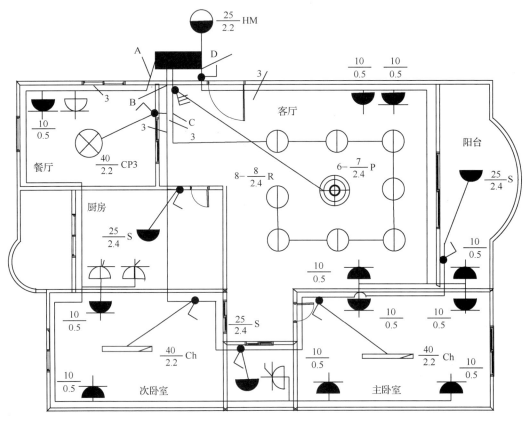

图 7-9　两室一厅住宅照明电路

（1）这是一个两室一厅、一卫、一厨的住宅。

（2）电源从分户配电箱引出后，分别向图中 4 个方向引出 A、B、C、D 4 条供电线路，这 4 条供电线路上都标有数字"3"，说明都是由 3 根导线所组成的，根据行业默认的条件说明这 3 根导线分别为相线（火线）、零线和保护线。从线路的走向和位置上来看，这些导线都是暗敷施工。

（3）A 号供电线路。配电箱引出的 A 号线路，主要向餐厅、厨房、次卧室、卫生间和主卧室外侧的 5 只暗装保护接点插座和 4 只密闭专用插座供电，共有各种暗装插座 9 个。每个暗装插座旁边分式的分子数表示电流（A），分母数表示安装距地面的高度（m）。

（4）B 号供电线路。B 号供电线路分别向餐厅、厨房、次卧室、卫生间、主卧室和客厅阳台的各种灯具供电。餐厅安装的是悬挂距地面 2.2m 的 40W 掉线器式普通灯泡。厨房安装的是悬挂距地面 2.4m 的 25W 吸顶灯。次卧室安装的是悬挂距地面 2.2m 的 40W 的链吊式荧光灯。卫生间安装的是悬挂距地面 2.4m 的 25W 的防水灯。阳台安装的是悬挂距地面 2.4m 的 25W 吸顶灯。

B 号供电线路总计有各种道具 6 盏和相关配套的控制开关，上述灯具均由单极暗装开关控制。

（5）C 号供电线路。C 号供电线路由照明配电箱引出，主要负责向客厅照明灯和门灯提供电源。该线路主要包括 8 盏 8W 内嵌式安装灯具（筒灯）、一盏 6 头 7W 管吊式安装吊灯和 1 盏 25W 座式安装的门灯，灯具的悬挂高度分别是距地面 2.4m 和 2.2m。它们由一个三极开关、一个单极开关分三路控制。

（6）D 号供电线路。D 号供电线路主要是为餐厅、阳台及主卧室内侧所有的 6 个暗装保护接点插座提供专用电源。

7.2.5　识读某住宅插座电路图

某住宅插座电路如图 7-10 所示，识读插座平面图时，应按下述步骤进行。

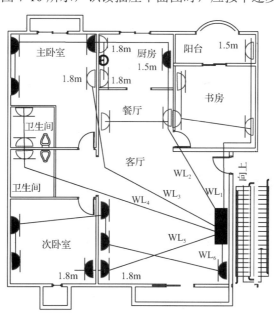

图 7-10　某住宅插座电路

（1）从插座平面图上可以看出从配电箱引出 6 路线路，分别是 WL_1～WL_6。

（2）WL_1 线路。WL_1 线路引出后送至书房和阳台，书房有 3 只单相密闭插座；阳台有 1 只单相密闭插座，距地面高度为 1.5m。WL_1 线路共有插座 4 只。

（3）WL_2 线路。WL_2 线路引出后送至餐厅、厨房和主卧室。餐厅有 2 只单相密闭插座；厨房有 1 只暗装单相插座且距地面 1.5m，有 2 只单相密闭插座且距地面 1.8m；主卧室有 3 只单相暗装插座，距地面 1.8m。WL_2 线路共有插座 8 只。

（4）WL_3 线路。WL_3 线路引出后送至主卧室，是 1 只空调器的专用插座，距地面 1.8m。WL3 线路共有插座 1 只。

（5）WL_4 线路。WL_4 线路引出后送至卫生间，卫生间有 3 只单相密闭插座。WL_4 线路共有插座 3 只。

（6）WL_5 线路。WL_5 线路引出后送至客厅和次卧室，是空调器的专用插座。客厅和次卧室分别有 1 只空调器的专用插座，都是距地面 1.8m。WL5 线路共有插座 2 只。

（7）WL_6 线路。WL_6 线路引出后送至客厅与次卧室。客厅有 3 只单相暗装插座。次卧室有 2 只单相暗装插座。WL_6 线路共有插座 5 只。

7.2.6 识读某单元照明平面图

某高层公寓单元照明平面图如图 7-11 所示。

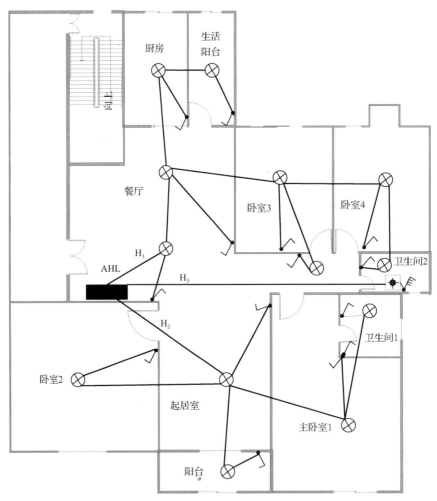

图 7-11 某高层公寓单元照明平面图

从图 7-11 中可以看出该照明线路由 3 条支路组成，分别为 H_1、H_2、H_3。H_1 支路供给餐厅、厨房、生活阳台、卧室 3、卧室 4 及卫生间 2；H_2 支路供给卧室 2、起居室、阳台、主卧室1、卫生间1；H₃支路供给卫生间2浴霸。各支路的电流流程图如下：

（1）AHL→H1→餐厅2个灯、开关→ { 厨房1个灯、开关→生活阳台1个灯、开关
卧室3→ 过道1个灯、开关
卧室4 1个灯、开关→卫生间2 1个灯、开关 }

（2）AHL→H2→起居室 { 卧室2有1个灯、开关
阳台1个灯、开关
起居室1个灯、开关
主卧室1有1个灯、开关→卫生间1有1个灯、开关 }

（3）AHL→H₃→卫生间2浴霸

7.2.7 模拟照明走顶、走地布线图

图7-11所示的平面图模拟照明走顶布线图如图7-12所示。
图7-11所示的平面图模拟照明走地布线图如图7-13所示。

7.2.8 识读办公实验楼插座、照明工程图

某办公实验楼一层和二层插座、照明工程图如图7-14和图7-15所示。

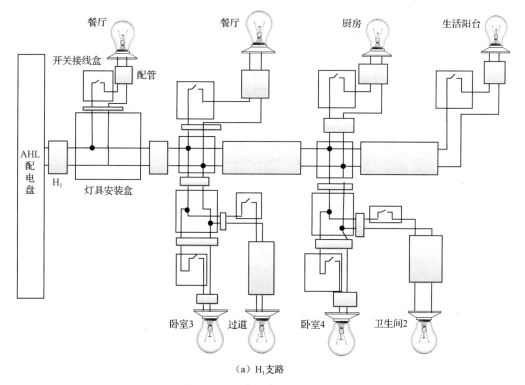

(a) H₁支路

图7-12 模拟照明走顶布线图

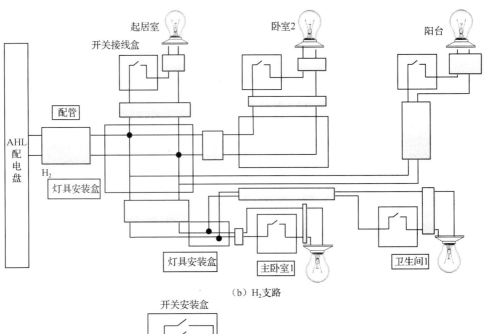

(b) H_2 支路

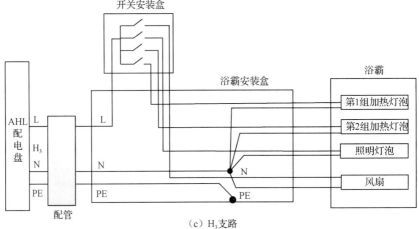

(c) H_3 支路

图 7-12 模拟照明走顶布线图（续）

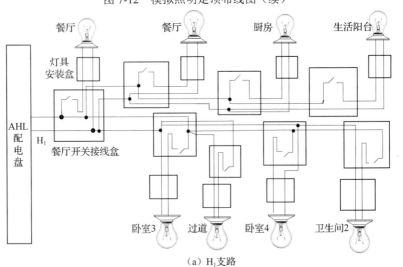

(a) H_1 支路

图 7-13 模拟照明走地布线图

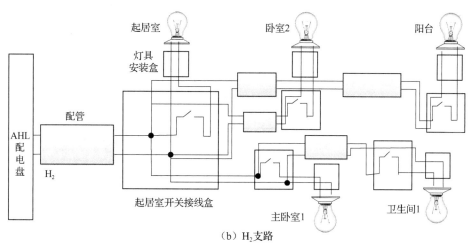

（b）H_2支路

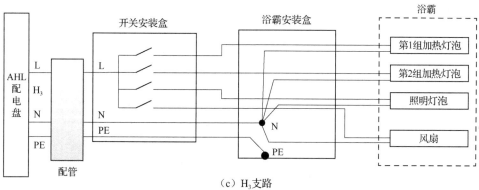

（c）H_3支路

图 7-13 模拟照明走地布线图（续）

【需要了解】识读前须知

（1）电源为三相四线 380/220V，进户导线采用 BLV-500×16mm²，自室外架空线路引入，室外埋设接地极引出接地线作为 PE 线随电源引入室内。

（2）化学实验、危险品仓库接爆炸性气体环境分区为 2 号，导线采用 BV-500-2.5mm²。

（3）一层配线：三相插座电源导线采用 BV-500-4×2.5mm²，穿直径为 20mm² 普通水煤气管暗敷设；化学实验室和危险品仓库为普通水煤气管明敷设；其余房间为 PVC 硬质塑料管暗敷设。导线采用 BV-500-2.5mm²。

二层配线：为 PVC 硬质塑料管暗敷，导线用 BV-500-2.5mm²。

楼梯配线：为 PVC 硬质塑料管暗敷设，导线用 BV-500-2.5mm²。

（4）灯具代号说明：G——隔爆灯；J——半圆球吸顶灯；H——花灯；F——防水防尘灯；B——壁灯；Y——荧光灯。

【配电系统】进户线及配线系统识读

从一层照明平面图可知该工程进户点处于③轴线和Ⓒ轴线交叉处，进户线采用 4 根截面积 16mm² 铝芯聚氯乙烯绝缘导线穿钢管，自室外低压架空线路引至室内照明配电箱（XM(R)-7-12/1）。室外埋设垂直接地体 3 根，用扁钢连接引出接地线作为 PE 线电源相入室内照明配电箱。

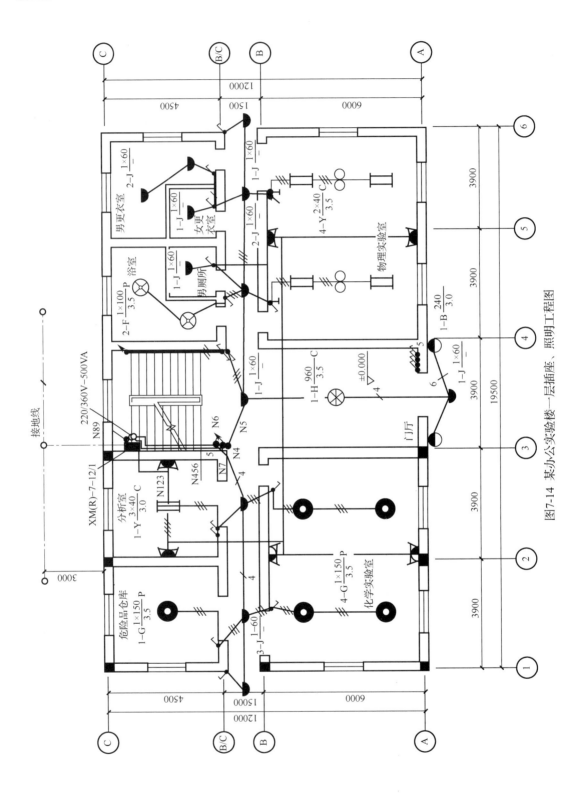

图7-14 某办公实验楼一层插座、照明工程图

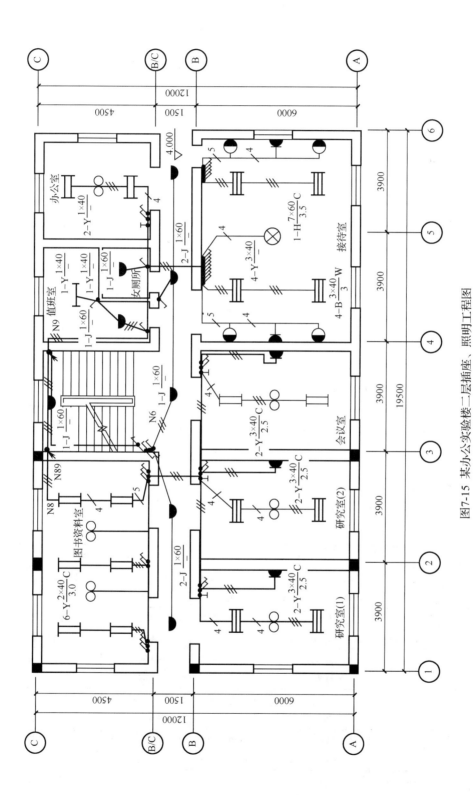

图7-15 某办公实验楼二层插座、照明工程图

查设备手册可知，该配电箱设有进线总开关，可引出 12 条单相回路，但该照明工程只使用了 9 路（$N_1 \sim N_9$），其照明配电系统图如图 7-16 所示。

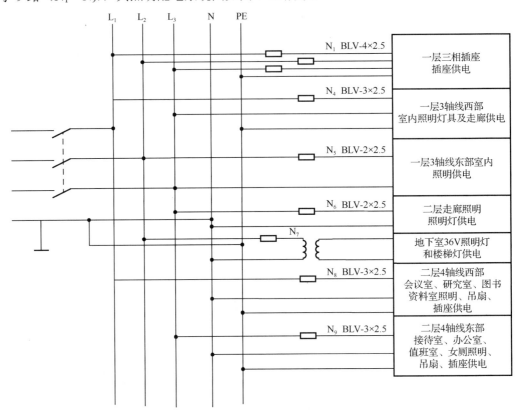

图 7-16 照明配电系统图

【用电设备】各用电设备的清单

各用电设备的清单如表 7-12 所示。

表 7-12 各用电设备的清单

楼层	科室	照明	开关	插座	其他
1	物理实验室	4 只双管荧光灯，每个灯管功率为 40W，链吊安装，安装高度为 3.5m	4 只灯用 2 只暗装单极开关	2 只暗装三相插座	2 台吊扇
	化学实验室	4 只防爆灯，灯泡采用 150W 白炽灯，管吊安装，高度为 3.5m	4 只灯用 2 只防爆式单极开关	2 只密封防爆三相插座	—
	危险品仓库	1 只隔爆灯，功率为 150W，管吊安装，高度为 3.5m	1 只灯用防爆单极开关	—	—
	分析室	1 只三管荧光灯，灯管功率为 40W，链吊安装，安装高度为 3m	1 只灯用 2 只暗装单极开关	暗装三相插座 2 个	—
	浴室	2 只防水防尘灯，灯泡为 100W 白炽灯，管吊安装，高度为 3.5m	2 只灯用 1 只单极开关	—	—
	男厕所、男女更衣室、走廊及东西出口门外	半圆球吸顶灯	—	—	—

续表

楼层	科室	照明	开关	插座	其他
1	一层门厅	有1盏花灯，装有9只60W白炽灯，链吊安装，高度为3.5m	在大门右侧，有4个单极开关	—	—
	进门雨棚下	1只半圆球吸顶灯，灯泡为60W，吸顶安装		—	—
	大门两侧	2只壁灯，各内装2只40W白炽灯，高度为3m		—	—
2	接待室	花灯1只，内装7只60W白炽灯，链吊安装，高度为3.5m；3管荧光灯4只，灯管为40W，吸顶安装；壁灯4只，每只装有40W白炽灯3只，高度为3m	9只灯有11只单极开关控制	单相带接地插座2只，暗装	—
	会议室	2只双管荧光灯，灯管为40W，链吊安装，高度为2.5m	2只双管荧光灯由2只单极开关控制	带接地插孔的单相插座1只	吊扇1台
	研究室1、研究室2	分别有3管荧光灯3只，灯管为40W，链吊安装，高度为2.5m	均用2只单极开关	单相带接地插座1只	吊扇1台
	图书资料室	双管荧光灯6盏，灯管功率为40W，链吊安装，高度为3m	6盏荧光灯用6只单极开关	—	吊扇2台
	办公室	双管荧光灯2盏，灯管为40W，吸顶安装	2只单极开关	—	吊扇1台
	值班室	1只单管荧光灯，功率为40W，吸顶安装。1盏半圆球吸顶灯，内装1只60W白炽灯	2盏灯用1只单极开关	—	—
	女厕、走廊、楼梯	半圆球吸顶灯，共7盏，每盏内装一只60W白炽灯	楼梯灯采用2只双控开关	—	—

【解疑答问1】 N_1、N_2、N_3 支路信号流程

N_1、N_2、N_3 支路信号流程如图7-17所示。

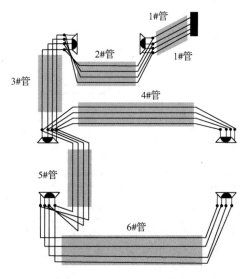

图7-17 N_1、N_2、N_3 支路信号流程

N_1、N_2、N_3 支路组成一条三相回路，再加上一条PE线，共有4条线，供给一层的4个

插座。导线在插座盒内作共头连接,用了6个线管,分别是1~6#线管。

【解疑答问2】N_4支路信号流程

N_4支路信号流程如图7-18所示。

导线在插座盒或灯头盒内作共头连接,用了15个线管,分别是7~21#线管。N_4支路信号流程如下:

N_4→1只暗装单极开关(控制走廊两盏半圆吸顶灯)→走廊第一盏吸顶灯灯头内→

$\begin{cases} 分析室两联开关(1只开关控制1只灯,一只开关控制2只灯)→荧光灯 \\ 化学实验室防爆开关→2只防爆灯 \\ 走廊内第二盏吸顶灯→\begin{cases} 西部门灯 \\ 危险品仓库 \\ 化学实验室防爆开关 \end{cases} \end{cases}$

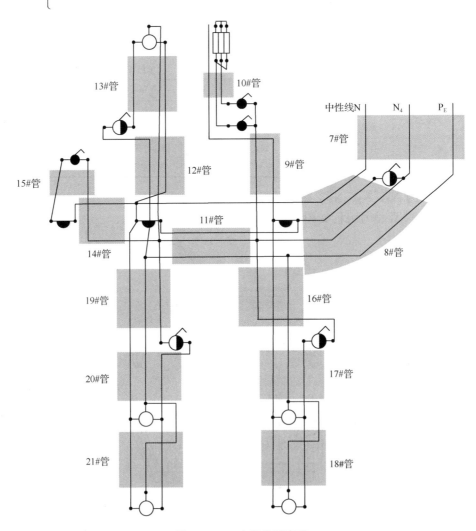

图7-18 N_4支路信号流程

【解疑答问3】N_5 支路信号流程

N_5 支路信号流程如图 7-19 所示。

N_5 支路信号流程如下：

N_5→开关盒→一层走廊吸顶灯→ { →楼梯口开关
→门厅
→男厕所吸顶灯→物理实验室、浴室→更衣室→物理实验室、更衣室、门灯 }

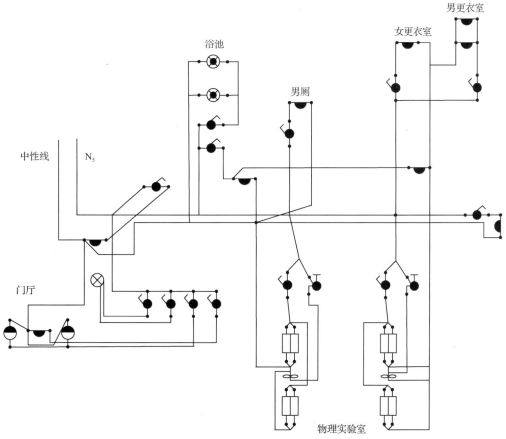

图 7-19　N_5 支路信号流程

【解疑答问4】N_6 支路信号流程

N_6 支路信号流程如下：N_6 相线在③轴线与 B/C 轴线交叉处的开关盒内带一根零线垂直引向二楼相对应位置的开关盒，二楼走廊共 5 盏半圆球吸顶灯。

【解疑答问5】N_7 支路信号流程

N_7 支路信号流程如下：N_7 相线和零线从配电箱引出经 220/36V-500VA 的干式变压器，将 220V 电压回路变成 36V 电压回路，该回路③轴线向南引至③轴线和 B/C 轴线交叉处转向下进入地下室。

【解疑答问6】N_8 支路信号流程

N_8 支路信号流程如图 7-20 所示。N_8 相线和零线，再加一根 PE 线，共 3 根，穿 PVC 管由配电箱旁引向二层,并穿墙进入两边图书资料室,向④轴线洗手间供电。

【解疑答问 7】N_9 支路信号流程

N_9 支路信号流程如图 7-21 所示。

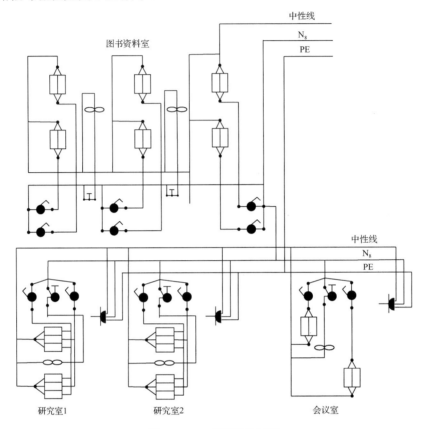

图 7-20　N_8 支路信号流程

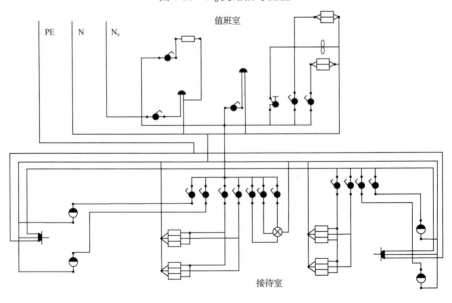

图 7-21　N_9 支路信号流程

N_9 相线、零线和 PE 线共三根同 N_8 支路三根线一样引入二层沿ⓒ轴线向东引至值班室门左侧开关盒，然后上至办公室、接待室。

7.3 给水排水工程图

7.3.1 水暖工程图识读基本知识

1. 标高

室内工程应标注相对标高。压力管道应标注管中心标高，重力管道和沟渠宜标注管（沟）内底标高。标高单位为米（m）。

平面图中，管道标高如图 7-22（a）所示，沟渠标高如图 7-22（b）所示。

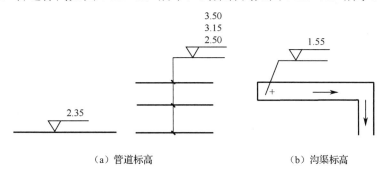

（a）管道标高　　　　　　　　（b）沟渠标高

图 7-22　标高的表示方式

剖面图中，管道的标高如图 7-23 所示。

轴测图中，管道标高如图 7-24 所示。

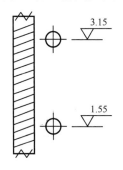　　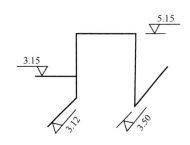

图 7-23　管道的标高　　　　　图 7-24　轴测图中管道标高

建筑物内的管道也可以按本层建筑地面的标高加管道安装高度的方式标注高度标高，标注方法如下：H+×.××，H 表示本层建筑地面标高。

2. 管径

（1）管径的单位应为 mm。
（2）管径的表达方式应符合下列规定。
① 水煤气输送钢管（镀锌或非镀锌）、铸铁管管材，管径宜以公制直径 DN 表示。

② 无缝钢管、焊接钢管（直缝或螺旋缝）等管材，管径宜以外径 D×壁厚表示。
③ 钢管、薄壁不锈钢管等管材，管径宜以公制外径 Dω 表示。
④ 建筑给水排水塑料管材，管径宜以公称外径 dn 表示。
⑤ 钢筋混凝土（或混凝土）管，管径宜以内径 d 表示。
⑥ 当设计中均采用公称直径 DN 表示管径时，应有公称直径 DN 与相应产品规格对照表。
（3）管径的标注方法应符合下列规定：

单根管道时，管径应按图 7-25（a）所示的方式标注。多根管道时，管径应按图 7-25（b）所示的方式标注。

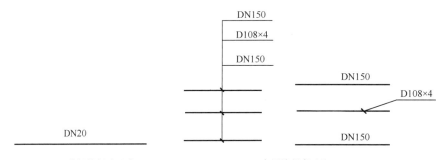

(a) 单根管径表示法　　　　　　(b) 多根管径表示法

图 7-25　管径的标注方法

3. 图例

管道类别应以汉语拼音字母表示，管道图例见表 7-13～表 7-18。

表 7-13　管道图例

名　称	图　例	备　注	名　称	图　例	备　注
生活给水管	—— J ——	—	压力污水管	—— YW ——	—
热水给水管	—— RJ ——	—	雨水管	—— Y ——	—
热水回水管	—— RH ——	—	压力雨水管	—— YY ——	—
中水给水管	—— ZJ ——	—	虹吸雨水管	—— HY ——	—
循环冷却给水管	—— XJ ——	—	膨胀管	—— PZ ——	—
循环冷却回水管	—— XH ——	—	保温管	～～～	也可以用文字说明保温范围
热媒给水管	—— RM ——	—	伴热管	＝＝＝	—
热媒回水管	—— RMH ——	—	多孔管	↑↑↑↑	—
蒸气管	—— Z ——	—	地沟管	＝＝＝	—
凝结水管	—— N ——	—	防护套管	▭▭▭	—

续表

名　称	图　例	备　注	名　称	图　例	备　注
废水管	—— F ——	可与中水、原水管合用	管道立管	XL-1 平面 XL-1 系统	X为管道类别，L为立管，1为编号
压力废水管	—— YF ——	—	空调凝结水管	—— KN ——	—
通气管	—— T ——	—	排水明沟	坡向 →	—
污水管	—— W ——	—	排水暗沟	坡向 →	—

表 7-14　管道附件图例

名　称	图　例	名　称	图　例
波纹管		管道固定支架	
立管检查口		清扫口	平面　系统
通气帽	成品　蘑菇形	圆形地漏	平面　系统
金属软管		方形地漏	平面　系统

表 7-15　管道连接图例

名　称	图　例	名　称	图　例
连接法兰		承插连接	
活接头		管堵	
弯折管	高　低 低　高	管道丁字上接	高 低
管道丁字下接	高 低		

表 7-16　管件连接图例

名　称	图　例	名　称	图　例
S 形存水管		P 形存水管	
90°弯头		正三通	
TY 三通		斜三通	
正四通		斜四通	
浴盆排水管			

表 7-17　阀门图例

名　称	图　例	名　称	图　例
闸阀		角阀	
三通阀		截止阀	
球阀		疏水阀	

表 7-18　卫生间设备及水池图例

名　称	图　例	名　称	图　例
立式洗脸盆	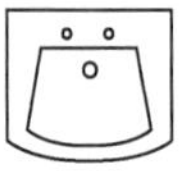	台式洗脸盆	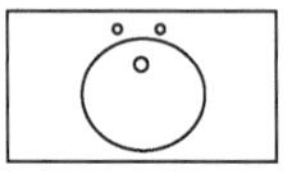
挂式洗脸盆	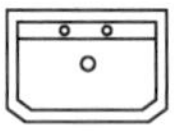	浴盆	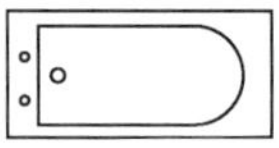
洗涤盆	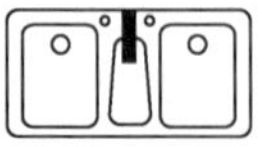	盥洗盆	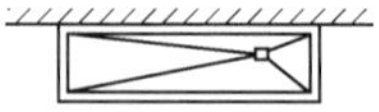
污水池		蹲式大便器	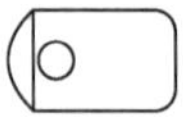
小便槽	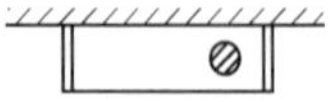	坐式大便器	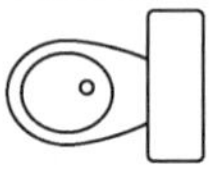
淋浴喷头		水嘴	 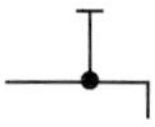 平面　　系统

7.3.2 室内给水排水平面图的识读

识读平面图时，可按照用水设备→直管→竖向立管→水平干管→室外管线的顺序，沿给水排水管线迅速了解管路的走向、管径大小、坡度及管路各种配件、阀门、仪表等情况。

图 7-26 所示为某套房住宅室内厨房和卫生间给水排水平面图。

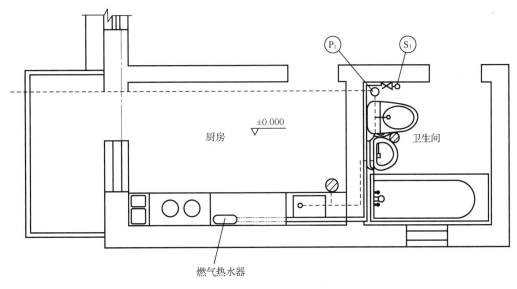

图 7-26　某套房住宅室内厨房和卫生间给水排水平面图

从图 7-26 中可以看出厨房内有燃气热水器和洗涤池两个设备和一个地漏；卫生间有浴盆、洗手盆、坐便器三个卫生设备和一个地漏。

燃气热水器、洗涤池、浴盆、洗手盆、坐便器共用一根水平给水干管，水平干管通过水表和阀门与竖立干管 S_1 相接（图 7-26 中用粗实心圆圈画出，洗涤池、浴盆、洗手盆共用一根给水热水干管，如图 7-26 中双点画线所示），热水干管接至燃气热水器引出管。排水水平干管最前端为洗涤池，然后依次为厨房地漏、浴盆、洗手盆、卫生间地漏、坐便器，最后接至排水竖井管 P_1。给水排水竖向立管一般都是贯通宅楼的各层，最后由一层埋入地下引至室外，与室外给水排水管网相接。

7.3.3 室内给水排水系统图的识读

由于建筑的给水排水管道都是纵横交错敷设的，为了清楚地表达整个管网的连接方式和走向，通常采用斜等轴测图分别绘制给水、排水系统图。给水排水系统图主要包括：

（1）管网相互关系，整个管网个楼层之间的关系，管网的相互连接及走向关系；
（2）管线上各种配件关系，如检查口、阀门、水表、存水弯的位置和形式等；
（3）管段及尺寸标注管路编号、各段管径、坡度及标准高等。

识读系统图时，应将给水排水系统图与给水排水平面图进行对比，通过各立管编号找出它们与平面图的联系，从而形成对整个管线系统的整体认识。

图 7-27 所示为某住宅室内给水排水系统图。

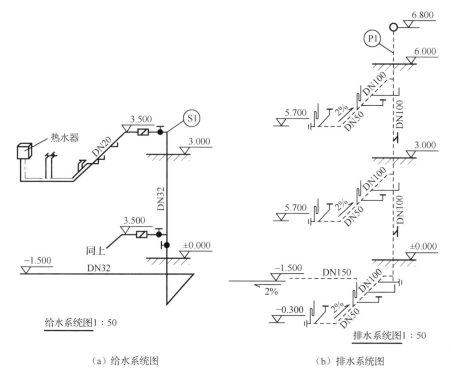

图 7-27 某住宅室内给水排水系统图

在图 7-27（a）中从给水水平干管标注的符号为 DN32，可以看出其管径即为 32mm，在标高 1500mm 处转折后引至竖向立管，由竖向立管向上引至顶层水平干管，在经支管引至各用水设备。

从供水竖井管标注的符号上看，其管径为 DN320 通过对楼层和水平支管标高数据的计算得知楼层水平支管中心距各楼层地面高差为 500mm，管径则变为 DN20。供水管线在一层设总阀门，在每层楼的水平支管上均设置用户给水阀门，阀门后部安装一个计量用的水表。洗涤槽、浴缸、洗手盆均设冷热两管出水口，热水管由燃气热水器引至各用水设备出水口（双点画线为热水管）。

在图 7-27（b）中，竖向排水干管贯通楼层，并设置检查口。每个楼层均有一条水平排水干管，其端部设清洗口，以方便检修。竖井排水干管、水平排水干管及末端管径为 DN50 的坐便器至竖向立管这一段的管径均采用 DN100 的排水管。水平排水干管需向下做成 2%的坡度与排水立管连接，以方便排水。楼顶的通气管伸出屋面的高度为 0.8m，管上部设通风帽。

7.3.4 蹲便器安装详图的识读

详图又称为大样图，能够详细表达该结构或位置的安装方法。识读设备安装详图时，应首先根据设计说明所述图集号及索引号找出对应详图，了解详图所述接节点处的安装做法。图 7-28 所示为蹲便器安装详图。

该安装详图由蹲便器的正向、侧向和水平 3 个方向的投影图组成，很清楚地表达了这种蹲便器的安装位置、管件连接方式、固定方法等。

(1) 在右侧的侧影投影图上部可以看到管径为 DN15 的给水管是明管，由上面进入水箱侧面。水箱用埋入墙中的两个螺栓固定在墙上。右侧的正投影图中水箱部位所标注的尺寸"40"和右侧的侧影投影图中的"245"是水箱的安装定位尺寸。

(2) 由水箱向下至大便池段是管径为 DN32 的输水立管。

(3) 对照正投影图和侧影投影图，了解到大便池埋设在楼板或地面上的砂浆中。水平投影图中的尺寸标注"620"和右侧的侧投影图中"310"是大便池的安装定位尺寸。

(4) 综合分析水平投影图和侧影图可以知道，大便池的污水流经管径为 DN100 的存水弯、90°弯头和三通后进入排水立管，从正投影图中可以看出存水弯与排水立管（管径中心）的距离为

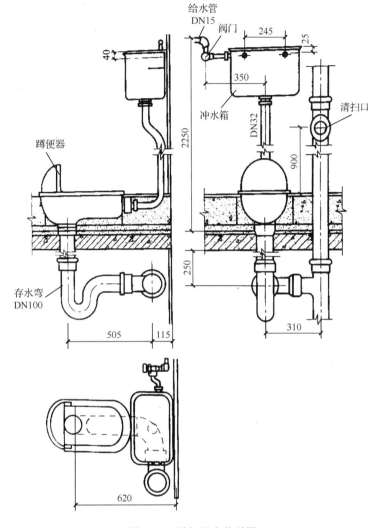

图 7-28 蹲便器安装详图

"505"，而排水立管距墙面的定位尺寸是"115"。侧投影图中上部标注的尺寸"350"是阀门的安装尺寸；下部标注的尺寸"250"为存水弯的高度安装尺寸，排水立管旁标注的尺寸"900"为扫除口的定位尺寸。

7.4 采暖工程图识读要点

(1) 先根据平面图和轴测图弄清整个管道系统的组成情况。与室内给水管道系统不同的是，室内采暖管道系统是一个封闭的系统，其管道布置有多种不同形式。采暖用的热水可来自热水锅炉、水加热器或区域性热水管网。热水要靠水泵来循环，管道系统内的水温是变化的，尤其是在系统启动或停止时水温变化更大，因此，在管道系统的最高处要设有膨胀水箱。为了及时排放运行过程中析出的气体，在管道系统的特定部位，还应装设集气罐。

(2) 识读施工图时，应先查明建筑物内散热器的位置、型号及规格，了解干管的布置方

式，以及干管上的阀门、固定支架、补偿器的位置。采暖施工图上的立管都进行编号，编号写在直径为8～10mm的圆圈内。采暖施工图的详图包括标准图和样图。标准图是室内采暖管道施工图的主要组成部分，供水、回水立管与散热器之间的具体连接形式和尺寸要求，一般都由标准图反映出来。

（3）应注意施工图中是如何解决管道热膨胀问题的，要弄清补偿器的形式和管道固定支架的位置。

（4）对于蒸气采暖系统，要注意疏水阀和凝结水管道的设计布置。

第 8 章

室内暗装布线

8.1 室内线路安装的基本知识及其遵循的原则

（1）强电、弱电的布线要求。强电线是指电源线，弱电线是指各种信号线（电话线、有线电视线、网线等）。强电线、弱电线不能共槽或共管，强电线、弱电线的间距应大于 0.5m，如图 8-1 所示，这样的要求是防止强电对弱电信号有干扰。

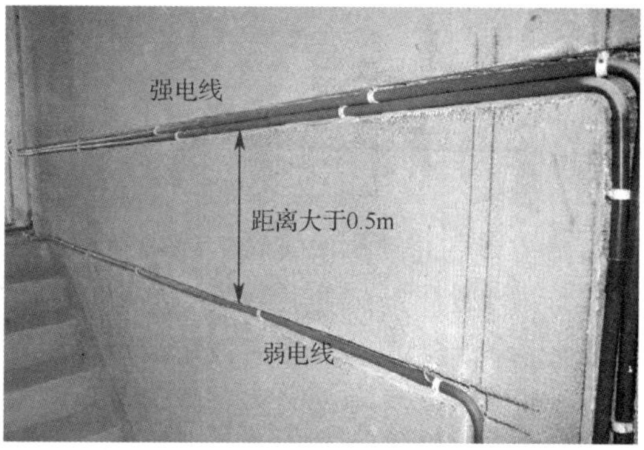

（2）当布线长度超过 15m 或中间有 3 个以上的弯曲时，在中间应该加装接线盒，这样做的目的是防止导线太多时不容易穿线，而且方便以后的检修。

（3）电线的线路要和煤气管道相距 0.5m 以上。

（4）电线一般有不同颜色，红色为相线，蓝色为中性线（零线），黄绿色为地线，其他颜色线一般为控制线。

（5）导线在底盒内留线长度应大于 150mm，如图 8-2 所示。

图 8-1 强电线、弱电线的布线要求

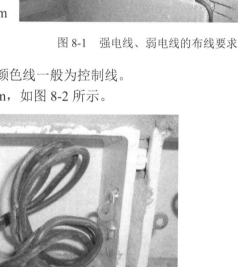

图 8-2 底盒内应留一定长度的导线

（6）电冰箱、电冰柜和空调应单独走线，并在总开关之前进行单独控制。

（7）不同区域的照明、插座、空调、热水器等线路都要分开、分组布线，这样一旦某电器需要断电检修，均不影响其他电器的正常使用。分组布线的控制箱如图8-3所示。

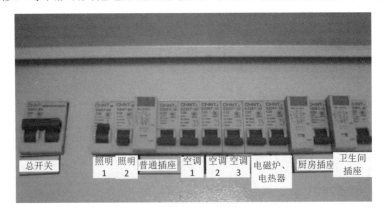

图8-3 分组布线的控制箱

8.2 室内暗装布线安装流程

暗装布线通常与建筑施工同步进行，在建筑施工时将各种预埋件（如线管、开关盒、插座盒等）埋设固定在设定位置，在施工完成后再进行穿线和安装开关、插座盒、灯具等工作。如果在建筑施工主体工程完成后或改造工程中进行暗装布线，就需要用工具在墙壁、地面开槽来放置线管和各种安装盒，再用水泥覆盖和固定。

室内暗装布线安装流程如下：耗材预算与采购→对照图纸放样、定位→开槽→安装底盒→布线管→穿线→安装用户配电箱→检查线路→绘制图纸→填补管槽→安装灯具、插座、开关等面板→通电试运行及线路测试。

8.2.1 强电线材及其选用

1. 强电线材

室内强电布线应使用绝缘导线。根据芯线材料不同，绝缘导线可分为铜芯线和铝芯线，不过用铜芯线较多；根据芯线的数量不同，绝缘导线可分为单股3线和多股线，常见的多股线有7、19、37股等。下面介绍常用的强电线材。

1）聚氯乙烯绝缘导线

聚氯乙烯绝缘导线通常称为塑料导线，其线芯允许工作温度不超过65℃，敷设环境温度不低于-15℃。常用的规格有1.5mm^2、2.5mm^2、4mm^2、6mm^2、10mm^2、16mm^{2}等。

聚氯乙烯绝缘导线的型号、名称及主要用途见表8-1。

常用聚氯乙烯绝缘导线的外形如图8-4所示。

表 8-1　聚氯乙烯绝缘导线的型号、名称及主要用途

型号		名　称	主　要　用　途
铜芯	铝芯		
BV	BLV	聚氯乙烯绝缘导线	室内外电器、动力及照明固定敷设
BVV	BLVV	塑料绝缘塑料护套线	直流电压1000V以下，交流电压500V以下，室内固定敷设
BVR		塑料软线	交流电压500V以下，要求电线比较柔软的场所敷设
BYR		棉纱编织橡胶绝缘软线	室内安装，需要较柔软的线的时候使用
BVL		棉纱编织聚氯乙烯绝缘软线	同BV型，安装要求较软的线的时候使用
VRZ		聚氯乙烯绝缘护套软线	用于500V交流电压以下
RV		聚氯乙烯绝缘软线	日用电器、无线电设备和照明灯头接线
RVB		聚氯乙烯绝缘平行软线	
RVS		聚氯乙烯绝缘双绞型软线	

图 8-4　常用聚氯乙烯绝缘导线的外形

绝缘导线的型号意义如下：

B——第一个字母表示布线。

BB——第二个字母表示玻璃丝编制。

BBB——第三个字母表示扁形。

V——第一个字母表示聚氯乙烯绝缘体。

VV——第二个字母表示聚氯乙烯护套。

X——橡胶绝缘体。

L——铝芯（无L表示铜芯）。

F——塑料复合物。

S——双线。

R——软线。

H——花线。

Z——中型移动线。

C——穿管用。

2）聚氯乙烯绝缘尼龙护套线

聚氯乙烯绝缘尼龙护套线的型号是FVN，结构外形如图8-5所示。

图 8-5　聚氯乙烯绝缘尼龙护套线结构外形

聚氯乙烯绝缘尼龙护套线使用特性如下：具有较好的耐热性，可以提高电线瞬时抗热过载能力，可减缓或降低 PVC 组分的逸出或迁移；具有耐腐性和自润滑性及耐油性；与相同截面积的 PVC 绝缘电线相比，具有外径小、质量小、摩擦因数小和耐腐蚀等特点，可提高敷设中的安全性和适用性。

3）橡胶绝缘导线

橡胶绝缘导线简称橡皮线，线芯长期允许温度不超过 65℃，其外形结构如图 8-6 所示。

图 8-6　橡胶绝缘导线外形结构

2. 强电线材的选用

强电线材的选用应考虑以下几个方面。

1）额定电压与绝缘性

使用时，电路的最大电压应小于额定电压，以保证安全。在低压电路中，常用绝缘导线的额定电压有 250V、500V 和 1000V 等，家装电路中一般选用额定电压为 500V 的导线。

2）机械强度

机械强度是指导线承受重力、拉力和扭折的能力。一般室内固定敷设的铜芯导线截面积不得小于 2.5mm^2，移动用电设备的软铜芯导线截面积不应小于 1mm^2。

3）导线截面积

导线的允许电流又称安全电流或安全载流量，与导线的材料和截面积有关。

在电路设计时，常用导线的允许载流量可通过查阅电工手册得知。金属线一般选择截面积为 10~20mm^2 的 BV 型或 BVR 型导线；照明线路一般选择截面积为 1.5~2.5mm^2 的 BV 型或 BVR 型导线；普通插座一般选择截面积为 2.5~4mm^2 的 BV 型或 BCR 型导线；空调器、电冰箱、浴霸、电磁炉等大功率线路一般选择截面积为 4mm^2 以上的 BV 型或 BVR 型导线。

8.2.2 弱电线材

弱电信号属于低压电信号，抗干扰性能差。弱电线材主要有电话线，有线电视线、音响线、对讲机、防盗报警器、门铃、智能保安、办公自动化线材等。

1. 有线电视线

有线电视线又称电视信号线或闭路电视线，专业名称为同轴电缆，如图8-7所示。

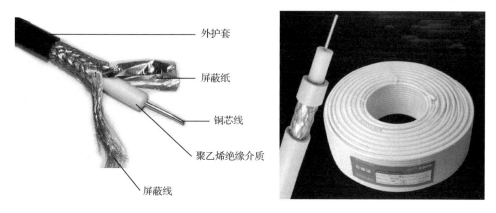

图8-7 同轴电缆

目前有两种广泛使用的同轴电缆：一种是75Ω电缆，主要用于传输模拟信号；另一种是50Ω电缆，主要用于传输数字信号。

2. 网线

目前常用的网线有5类线（CAT5）、超5类线（CAT5E）和超6类线（CAT6），网线外形如图8-8所示。

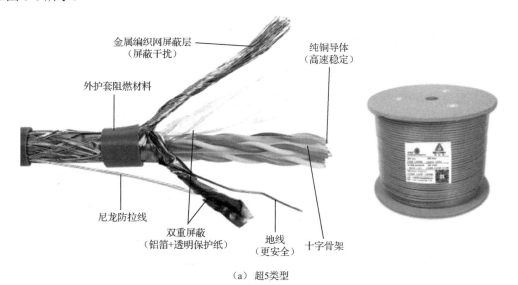

（a）超5类型

图8-8 网线外形

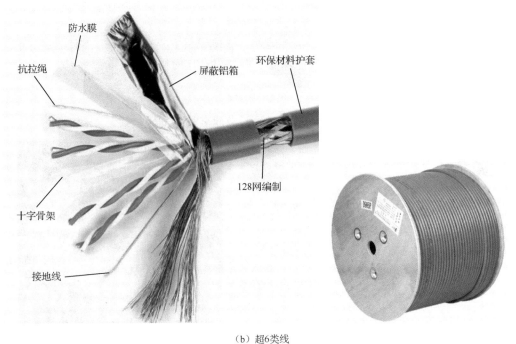

(b) 超6类线

图 8-8 网线外形（续）

5 类线带宽为 100 Mbps，适用于带宽为 100Mbps 以下的网络；超 5 类线带宽为 155 Mbps，适用于带宽为 100Mbps 以上的网络，是目前的主流产品；6 类线带宽为 250 Mbps，适用于带宽为 1000Mbps 的网络，是未来发展的趋势。

3. 电话线

电话线常用的有二芯电话线，如图 8-9（a）所示。此外，还有四芯电话线，如图 8-9（b）所示，自承式宽带电话线如图 8-9（c）所示。

楼宇对讲系统所采用的线缆大都是 RVV、RVVP、SYV 等类线缆，它们具有传输语音、数据、视频图像，同时还表现在语音传输的质量、数据传输的速率、视频图像传输的质量及速率等方面的优势。

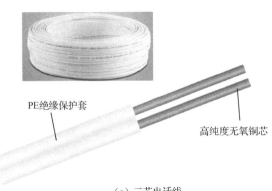

（a）二芯电话线

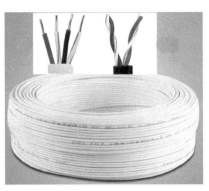

（b）四芯电话线

图 8-9 电话线外形

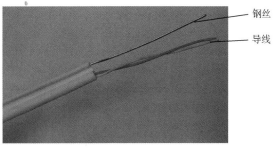

(c)自承式宽带电话线

图 8-9 电话线外形（续）

传输语音信号及报警信号的线缆主要采用 RVV4-8×1.0 型号；视频传输以采用 SYV75-5 型号线缆为主；有些系统因怕外界干扰或不能接地时，必须采用 RVVP 类线缆。

常用弱电线缆型号代码含义见表 8-2。

表 8-2 常用弱电线缆型号代码含义

型号代码	代码含义	型号代码	代码含义
R	连接用软电缆（电线），软结构	A	镀锡或镀银
V	绝缘聚氯乙烯、聚氯乙烯护套	F	耐高温
B	扁平型	P	编织屏蔽
S	双绞型射频	P2	铜带屏蔽
Y	预制型，一般省略或聚烯烃护套	P22	钢带铠装
FD	指分支电缆	WDZ	无卤低烟阻燃型
YJ	交联聚乙烯绝缘体	WDN	无卤低烟耐火型
ZR	阻燃型	AVR	镀锡铜芯聚乙烯绝缘平型连接软电缆（电线）
NH	耐火型	RVB	铜芯聚氯乙烯平型连接电线
RV	铜芯氯乙烯绝缘连接电缆（电线）	RVS	铜芯聚氯乙烯绞型连接电线
RVV	铜芯聚氯乙烯绝缘聚氯乙烯护套圆形连接软电缆	ARVV	镀锡铜芯聚氯乙烯绝缘聚氯乙烯护套扁平型连接电缆
RVVB	铜芯聚氯乙烯绝缘聚氯乙烯护套扁平型连接软电缆	RV－105	铜芯耐热105℃聚氯乙烯绝缘连接软电缆
AF－205AFS－250AFP－250	镀银聚氯乙氟塑料绝缘耐高温-60～250℃连接软电线		

例：RVVP2*32/0.2RVV2*1.0BVR

R：软线；VV：双层护套线；P：屏蔽；2：2芯多股；32：每芯有32根铜丝；0.2：每根铜丝直径为0.2mm；RVV：铜芯聚氯乙烯绝缘聚氯乙烯护套圆形连接软电缆。

4. 水晶头

水晶头是一种能沿固定方向插入并自动防止脱落的塑料接头，俗称 AMP 水晶头，专业术语为 RJ-45 连接器（RJ-45 是一种网络接口规范，类似的还有 RJ-11 接，就是我们平常所用的"电话接口"，用来连接电话线）。RJ11 接头和 AMP 水晶头很类似，但只有 4 根针脚（AMP 水晶头为 8 根）。在计算机系统中，RJ-11 接头主要用来连接调制解调器（MODEM）。日常应用中，RJ-11 接头常见于连接电话线，RJ-12 接头通常也适用于语音通信，结构和前两种一样，但有 6 根针脚（6p6c）。同时还衍生出六槽四针（6p4c）和六槽两针（6p2c）两种。RJ-45 水晶头外形如图 8-10 所示。

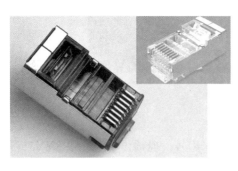

图 8-10　RJ-45 水晶头外形

5. 模块

弱电中的一些插座往往称为模块。网络模块：包括信息端口模块、集线器/交换机、路由器，负责将计算机组成一个局域网，在同一时间提供计算机上网，网络模块外形如图 8-11（a）所示。有线电视模块：其功能是将一条有线电视线分出几个出口，分布到不同的地方，即一分多，有线电视模块外形如图 8-11（b）所示。电话分支模块：主要实现一个电话号码分为几台分机使用，几台分机可以同时接听，电话分支模块外形如图 8-11（c）所示。

（a）网络模块

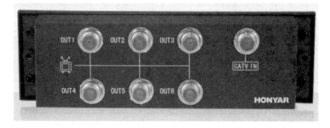 

（b）有线电视模块

图 8-11　几种模块

（b）有线电视模块

（c）电话分支模块

图 8-11　几种模块（续）

弱电系统部分常用图形符号见表 8-3。

表 8-3　弱电系统部分常用图形符号

名　　称	图形符号	名　　称	图形符号
电话插座	TP	光纤端接箱	OTU
电话分线箱	□	天线	Y
电话过路箱	◇	适配器	ADP
信息插座	▮▮	电话	⌒
接插线		路由器	RUT
调制解调器	MD	分配器（两路）	
混合网络		分配器（三路）	
用户分支器（一路分支）		用户分支器（两路分支）	

8.2.3　耗材预算与采购

根据家装设计图纸，做好耗材预算或采购。耗材主要有 PVC 管，各种规格的导线、网线或电话线，各种规格的开关盒插座，各种灯具、底盒、压线帽、管弯头、胀管、螺钉、绝缘胶布、石膏粉等。

全包又称大包，就是所有材料的采购和施工都由家装公司负责。耗材预算时，公司要与客户详细沟通，特别是主要耗材的品牌及要求，以防止验收时产生纠纷或麻烦。

半包就是主材料由客户采购，家装施工方只是负责辅料的采购。因此，主耗材的选用由用户来决定，施工方只需提供耗材的详细清单即可。

清包又称包工不包料，耗材预算和采购方式与半包类似。

8.2.4 识图、放样定位

1. 识图

识图就是对家装图纸认真分析，并与客户进行沟通，看对原设计线路是否有变更。

2. 放样定位

1）定位布线的原则

走顶不走地，若顶不能走，则考虑走墙上；若墙不能走上，才考虑走地面。

强电走上，弱电走下，横平竖直，避免交叉，美观实用。

画线必须横平竖直，要清晰无误。文字应标在画线或画线框以外，防止开槽时毁掉字迹。

如无特殊要求，在同一套房内，开关应在离地1200～1500mm，距门边150~200mm处；插座应离地300mm左右，插座开关在同一水平线上，高度差小于8mm，并列安装时高度差小于1mm，并且不被推拉门、家具等物遮挡。电源插座底边距地宜为300mm，平开关板底边距地宜为1300mm。挂壁空调插座高宜为1900mm，油烟机插座高宜为2100mm，厨房插座高宜为950mm，挂式消毒柜插座高宜为1900mm，洗衣机插座高宜为1000mm，电视机插座高宜为650mm。

2）准备的工具

布线需准备的工具包括水平尺、手套、彩色粉笔、铅笔、尺子、墨斗、安全帽等。

3）放样定位

放样定位示意图如图8-12所示。短线可以用直尺或水平尺画，长线可以用墨斗来弹线。

（a）测水平

（b）铅笔画线

（c）墨斗弹线

（d）地面、墙面放样图

图8-12 放样定位示意图

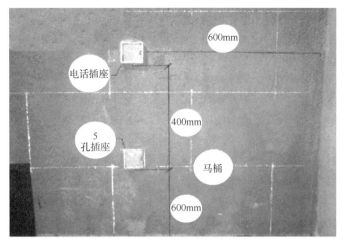

（e）粉笔放样图

图 8-12　放样定位示意图（续）

8.2.5　开槽

放样定位完成后，下一步就是开槽。开槽时要知道槽的深度，开槽深度应为线管的管径加 12mm。开槽的工具主要有电锤、切割机、开凿机等。

开槽时应注意以下事项。

（1）如果顶棚是空心板，则严禁横向开槽。

（2）同一槽内有 2 根以上线管时，注意管与管之间必须有大于等于 15mm 的间隙。

（3）任何情况下开槽不得破坏钢筋结构，承载结构、梁、柱不得打洞或穿孔。

（4）开槽次序为先地面，后顶面，再墙面。

（5）直角的拐弯处应将角内侧切开，最好切成圆弧形或直角三角形，如图 8-13 所示。

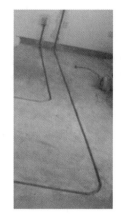

图 8-13　直角的拐弯处将角内侧切开

开槽及开槽后的效果图如图 8-14 所示。

（a）电锤开槽

（b）切割机开槽

（c）开好的槽

图 8-14　开槽及开槽后的效果图

（6）开槽完毕后，要及时清理槽内的垃圾。

8.2.6　安装底盒

1. 安装底盒前的准备工作

安装底盒前应准备好批灰刀、泥抹、灰桶、水桶、底盒、石膏粉等，如图 8-15 所示。

（a）批灰刀

（b）泥抹

（c）灰桶、水桶

（d）石膏粉

图 8-15　安装底盒前所需准备的物品

2. 安装底盒应注意的事项

（1）安装时，底盒的开口面应与墙面平整、牢固方正，在贴瓷砖处也不宜凸出墙面。
（2）并列安装的底盒与底盒之间，应留有缝隙，一般情况下为 4~5mm。
（3）在布管前应把底盒安装好。

3. 安装底盒

（1）安装底盒前应把对应的敲落孔敲掉，如图 8-16 所示。
（2）调和石膏粉。将石膏粉倒入小桶，加入适量的水进行调和，待用，如图 8-17 所示。

图 8-16　敲落孔

图 8-17　调和石膏粉

（3）安装底盒。各种底盒示意图如图 8-18 所示。

图 8-18　各种底盒示意图

在抹灰前先初试一下底盒是否合适，如图 8-19 所示，检查接线、出线位置是否合适等，不合适时要进行调整或对槽进行更改。

图 8-19　初试底盒

在抹灰前先在底盒开槽处洒适量的水，如图 8-20 所示，对墙壁进行浸润，以方便抹灰的黏结性。

图 8-20　抹灰前洒水

安装底盒示意图如图 8-21 所示。

图 8-21　安装底盒示意图

第8章 室内暗装布线

图 8-21　安装底盒示意图（续）

8.2.7　布线管

1. 应准备的工具和器材

需准备的工具和器材包括 PVC 线管、管接头、弯管器、剪切器、管卡、梯子、锤子等。PVC 线管和管接头外形如图 8-22 所示。

（a）PVC 线管

（b）管接头

图 8-22　PVC 线管和管接头外形

2. 布线管工艺

（1）布线管前要对线槽中的抹灰淤积等进行清理，使线管平稳地放置于管槽，如图 8-23 所示。

（2）布线管的一般顺序是从后向前，即从终端（底盒）向始端（控制箱）。

（3）根据拐弯处的长度进行弯管。其预留长度一定要大于图8-24中所示实际长度许多，线管穿入底盒后再根据实际长度剪掉多余的即可。确定长度时一般不用尺子量取，用线管直接在管槽中比对一下即可。

图8-23 清理线槽中的抹灰淤积

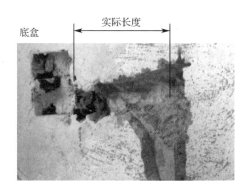

图8-24 弯管长度的决定

若是新购买的弯管器则要提前在其末端连接一根结实的电线（或绳子），如图8-25所示，以便在弯管处长度大于弯管器较多时使用。

弹簧弯管器常用规格有1216（4分）、1418（5分）、1620（6分）和2025（1寸）等，分别适用于$\Phi16cm$、$\Phi18cm$、$\Phi20cm$和$\Phi25cm$的PVC管。

弯管工艺如图8-26所示。

将弹簧弯管器插入管内弯管处，两手握紧管材两头，缓慢使其弯曲，考虑管材的回弹，在实际弯管时应比所弯曲度小15°左右；待回弹后，检查管材弯曲角度，若不符合要求，则继续弯曲，直至符合要求为止；最后逆时针方向旋转弹簧，将弯管器抽出。

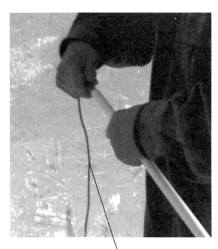

图8-25 弯管器末端连接一根电线

（4）尽量要少用连接接头。整条长线管要合理利用，如图8-27所示，先考虑墙壁上的长度，弯管处附近尽量不要用接头。

（5）线管的连接。线管的连接一般用管接头，如图8-28所示。

（6）线管的固定。对于过长的线管，要边安装边固定。开槽的线管一般用水泥片或木条进行固定，后期用水泥进行封闭时及时拆除就可以了。非开槽的线管一般采用线卡进行固定。线管的固定如图8-29所示。

整体布好的线管效果图如图8-30所示。

弯管器插入线管

弯管角度要小于实际角度

回弹后即可达到实际角度

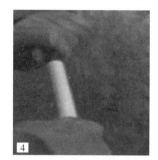
角度不正确时再次弯管，最后抽出弯管器

图 8-26　弯管工艺

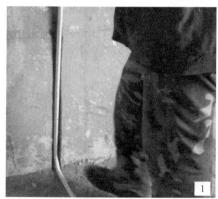
线管在墙壁上比划长度

剪去过长的线管

图 8-27　整条长线管要合理利用

（a）要连接的两个线管

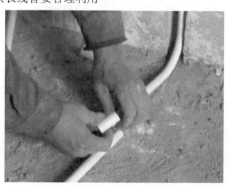
（b）用管接头先连接一端

图 8-28　线管的连接

（c）再连接另一端　　　　　　　　（d）连接好的线管

图 8-28　线管的连接（续）

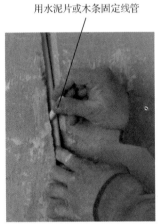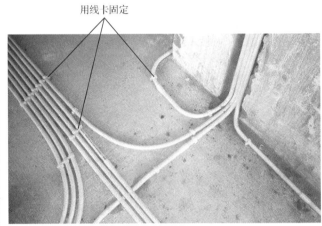

图 8-29　线管的固定

图 8-30　整体布好的线管效果图

图 8-30　整体布好的线管效果图（续）

8.2.8　穿线

1．准备工作

需准备各种规格的线材、穿线器、线卡、锤子等。

2．对穿线工艺的具体要求

（1）导线在线管内禁止有接头，接头应在接线盒、灯头或插座内。每个接头接线不宜超过两根。

（2）单根 PVC 管内走线一般不得超过 3 根。

（3）管内所有导线的截面积应小于线管截面积的 40%。

（4）穿管的导线、网线等都要进行检测，以确认是否线间短路、对地短路、断线等，确认无误后再进行穿线。

3．两种穿线工艺

一种是在没有固定、密封线管前穿线，另一种是固定、密封线管后穿线。

1）第一种：没有固定、密封线管前穿线

对于线管较短的，可以直接把线管取下来，穿线后重新放入线槽即可，如图 8-31 所示。

对于较长的线管，可以采用如下方法：

（1）放线。放线就是从线盘中拉出电线，注意一定不要拉乱了，放出所需长度的电线，如图 8-32 所示。

图 8-31　较短线管的穿线　　　　　　　图 8-32　放线

（2）包扎接头。用绝缘胶布包扎接头，包扎时一定要几个接头相互错开位置，如图 8-33 所示。

（a）几个接头相互错开位置

（b）包扎接头

图 8-33　包扎接头

（3）穿线。穿线时可以把线管取下来，一边穿线一边固定穿完导线的线管，如图 8-34 所示。

（a）取下线管

（b）穿线

图 8-34　取下线管进行穿线

中间有管套的可以暂时取下管套，这样容易进行穿线。对于有弯且较长的线管，穿线可能进行不下去，在估计线管受阻的地方可以随时剪开线管（但一定要注意不要损伤了导线），如图 8-35（a）所示；然后从开口处抽出导线，如图 8-35（b）所示；增加一个管套后，如图 8-35（c）所示，从剪开的另一段线管继续穿线，如图 8-35（d）所示；一直到最后这根线管穿线完毕，如图 8-35（e）所示，再套上管套（也可以边穿线边套管套），如图 8-35（f）所示。

2）第二种：固定、密封线管后穿线

线管较短的可以直接穿线，不多做介绍。

线管较长的一般用穿线器进行穿线。下面介绍两种穿线器。

（1）第一种穿线器：专用穿线器。

专用穿线器较多，常用的如图 8-36 所示。

第8章 室内暗装布线

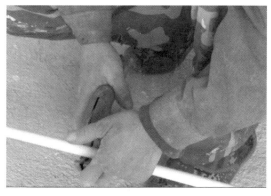

(a) 剪开线管

(b) 从开口处抽出导线

(c) 增加一个管套　　　　　　　　　(d) 从另一段线管继续穿线

(e) 穿线完毕　　　　　　　　　　　(f) 套上管套

图 8-35　长线管穿线示意图

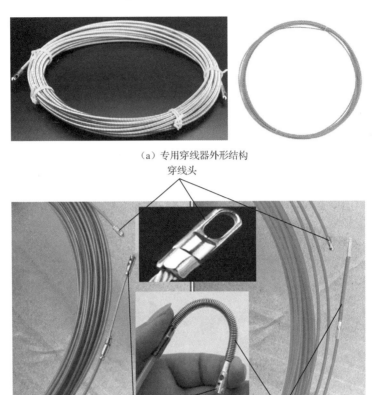

(a)专用穿线器外形结构

(b)专用穿线器穿线头和尾部滚轮

图 8-36　专用穿线器

专用穿线器的使用方法如下：将穿线器的穿线头（俗称弹头）穿过线管，在线管另一端拉出一小段，然后将需要进入线管的电线各线头剥去约 5cm，取一根裸线穿进穿线器的头部，小孔圈折牢固（或采用厂家所带的速紧器），有多条线需要进入同一线管的，把它们绞在一起，用绝缘胶布包扎好。最后，一人拉扯穿线器的一端，另一人在另一端慢慢把电线顺入线管。

注意：拉扯困难时，需要用木棒轻轻敲打线管。

专用穿线器和速紧器（也常称束紧器）的使用方法如图 8-37 所示。

（a）将速紧器的头部钢丝穿过穿线器的弹头

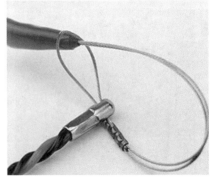

（b）将速紧器胶套穿过速紧器的头部钢丝圈

图 8-37　专用穿线器和速紧器的使用方法

第8章 室内暗装布线

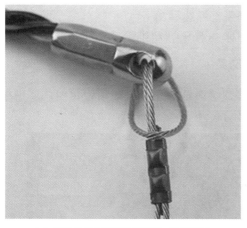

（c）将速紧器上铜压接扣锁死，不宜脱落

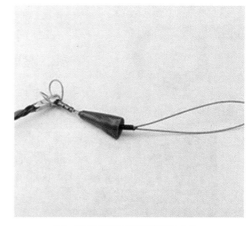

（d）将速紧器的弹簧和胶套往上拉

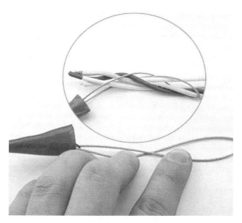

（e）将钢丝打成一个"8"字形，把电线穿过这个"8"字形

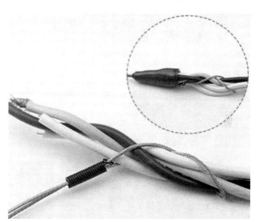

（f）将速紧器的弹簧往下拉，就可以把电线拉紧，然后把电线装进胶套里面

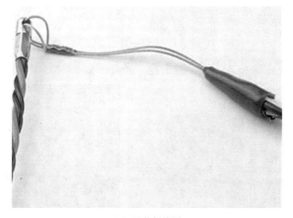

（g）示范紧线图

图8-37 专用穿线器和速紧器的使用方法（续）

图 8-38 自制钢丝穿线器

第二种穿线器：自制钢丝穿线器。

自制钢丝穿线器如图 8-38 所示，将细钢丝头部打个弯即可。

4. 强电、弱电线管交叉

强电、弱电线管必须交叉时，应在交叉处用铝箔包住弱电线管进行屏蔽，如图 8-39 所示。

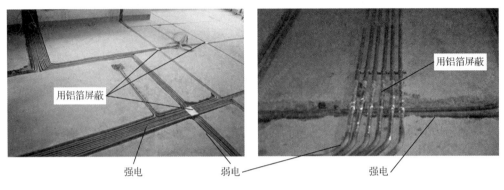

图 8-39　强电、弱电线管交叉处用铝箔屏蔽

5. 整体穿线效果

整体穿线效果图如图 8-40 所示。

图 8-40　整体穿线效果图

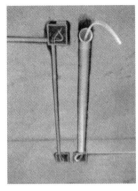

图 8-40 整体穿线效果图（续）

注意：地面没有封闭之前，必须保护好 PVC 管套，不允许有破裂损伤。

8.2.9 安装用户配电箱

每户应设置强、弱配电箱。强电配电箱内应设动作电流为 30mA 的漏电保护器，分数路经过空气开关后，分别控制照明、空调、插座等。空气开关的工作电流应与终端电器的最大工作电流相匹配，一般情况下，照明电流为 10A，插座电流为 16A，柜式空调电流为 20A，进户电流为 40～60A。

1．强电配电箱安装

强电配电箱安装的具体要求可参看本书第 4 章的有关内容。

三室两厅住宅内配电箱电路如图 8-41 所示。

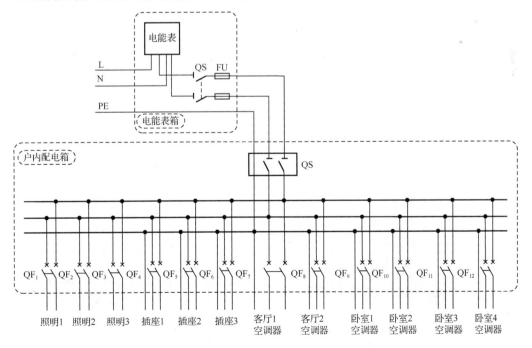

图 8-41 三室两厅住宅内配电箱电路

图 8-41 中共有 12 个回路，总电源处不装漏电保护器。这样做主要是由于房间面积较大，分路多，漏电电流不容易与总漏电保护器匹配，容易引起误动作或拒动。另外，还可以防止回路漏电引起总漏电保护器跳闸，从而使整个房间停电。在回路上装设漏电保护器就可克服上述缺点。

强电配电箱安装、接线示意图如图 8-42 所示。

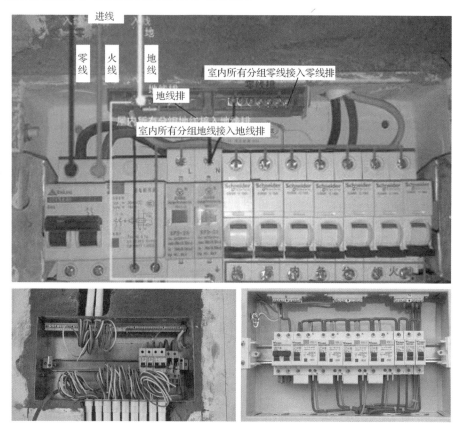

图 8-42　强电配电箱安装、接线示意图

2. 弱电配电箱安装

常见的弱电配电箱如图 8-43 所示。

图 8-43　常见的弱电配电箱

1)安装位置

弱电配电箱一般有明装和暗装两种方法,明装就是挂在墙壁上或放在角落里,暗装则是将箱体嵌入墙体里,一般安装在离地 30cm 左右的位置,如图 8-44 所示,安装时需要考虑墙体厚度是否足够承载箱体。

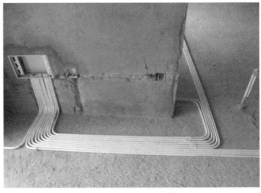

图 8-44　弱电配电箱安装在离地 30cm 左右的位置

2)弱电布线方式

家庭弱电布线大部分都采用"星形拓扑布线"方式,即采用并联方式,将电线汇聚到弱电箱中实行集中管理。并联强调的是每条线路都是独立的,能够避免单点故障导致整个系统的瘫痪,也方便单条线路进行拓展。

8.2.10　检查线路、绘制图纸

1. 检查线路

布线完成后在封管之前要进行一次线路检查与测试。检查、测量的仪表主要有万用表、兆欧表等。检查的项目主要有强电线路的通电检测及绝缘性能等、弱电线路的通断及绝缘性能等。一般绝缘性能为线与线之间应大于 250MΩ,线与地之间应大于 200MΩ。

检查线路的方法较多,主要有电阻法、电压法、兆欧法及灯泡直接实验法等。图 8-45 所示为检查线路示意图。

(a)用万用表检测线路　　　　　　(b)用兆欧表检测线路

图 8-45　检查线路示意图

2. 绘制图纸

暗装布线一般需要给业主一份详细、完整的布线竣工图纸，特别是改装后的电路。图纸绘制的方法一般有两种：一是根据实际布线进行"建筑电路图"绘制，这种绘制方法比较费时；二是用照相机拍照，如图 8-46 所示，有必要时，在拍照之前要标注有关数据。

（a）布线完成后的照片　　　　　　　　　　（b）贴瓷砖完成后的照片

图 8-46　用照相机拍下的布线照片

8.2.11　填补管槽

1. 填补管槽的验收

填补管槽（也称补槽）之前，需和业主或项目经理进行现场验收，必须让业主签字、认证。

2. 补槽基本要求

（1）补槽不能凸出墙面，并要低于墙面 1～2mm。

（2）用于墙面补槽的水泥砂浆比为 1∶3；顶棚补槽用 801 胶和水泥，并在其间掺入 30% 的细砂。

3. 补槽的两种方法

1）间补

间补就是间隔补槽，后期施工再全部封闭，如图 8-47 所示。

2）全补

全补就是所有管槽全部封闭，如图 8-48 所示。

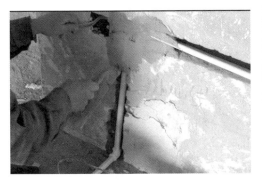
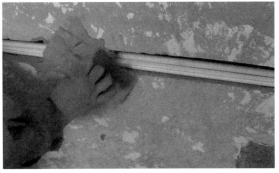

图 8-47 间隔补槽

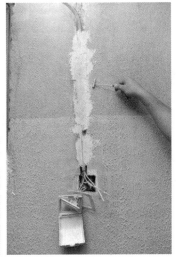

图 8-48 管槽全部封闭

8.3 安装插座、开关面板

安装插座、开关面板前需准备剥线钳、电工基本工具 1 套、绝缘胶布、防水胶带、梯子、锡焊材料和工具、压线帽和专用压线钳等。

8.3.1 工艺流程

开关、插座安装工艺流程图如图 8-49 所示。

图 8-49 开关、插座安装工艺流程图

下面介绍开关、插座的安装过程。

8.3.2 盘线

盘线就是对底盒内的电线进行整理,所有电线留取适当的长度,最好盘绕成圈状,如图 8-50 所示。

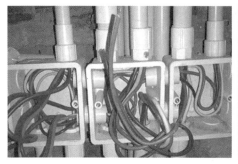
(a)整理前

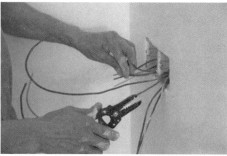
(b)整理

(c)盘绕后的电线

图 8-50　整理、盘绕电线

8.3.3 正确接线

接线前应拆除开关和插座(有的人喜欢接线后再进行这一步)。开关的拆解图如图 8-51 所示。

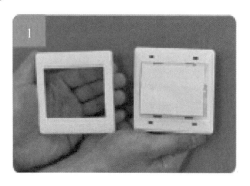

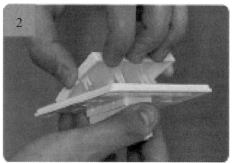

图 8-51　开关的拆解图

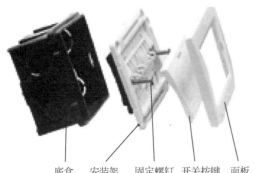

图 8-51　开关的拆解图（续）

1. 开关、插座接线

从接线盒中拉出导线，用剥线钳剥去线头。松开插座接线柱上的螺钉，接线柱上接上对应的导线，最后旋紧螺钉。开关、插座接线示意图如图 8-52 所示。

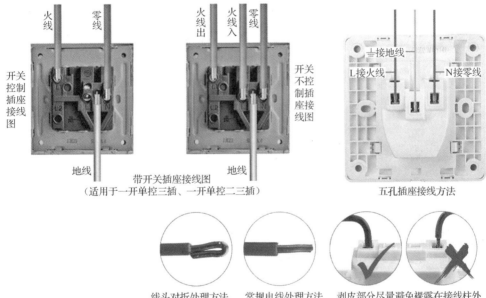
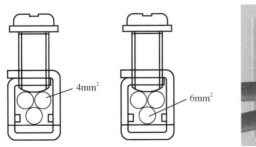
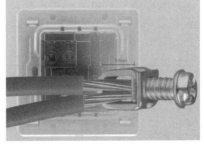

图 8-52　开关、插座接线示意图

2. 接头的连接

对于不需要接在接线柱的电线接头需要进行连接,正确连接接头示意图如图 8-53 所示。

3. 接头的焊接

GB 5030—2002 规定:铜与铜在室外、高温且潮湿的室内,搭接面搪锡。搪锡一般有两种方法,一种是用电烙铁,另一种是用专用锡锅。搪锡后的接头如图 8-54 所示。

图 8-53　正确连接接头示意图

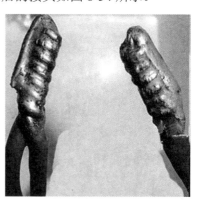

图 8-54　搪锡后的接头

图 8-55　接头用绝缘胶布包扎

8.3.4　包扎、固定面板

1. 接头的包扎

接头的包扎有两种方法,一种是用绝缘胶布,另一种是用压线帽。图 8-55 所示为接头用绝缘胶布包扎。

LC 型压线帽是近年来新兴的线材之一,在家装接线工程中得到大量的使用。LC 型压线帽分为铜芯压线帽和铝芯压线帽两种。铜芯压线帽分为黄、白、红 3 种颜色,适用于 1.0mm²、1.5mm²、2.5mm² 和 4.0mm² 的 2～4 根导线的连接。铝芯压线帽分为绿、蓝两种,适用于 2.5mm² 和 4.0mm² 的 2～4 根导线的连接。LC 型压线帽的技术参数见表 8-4。

表 8-4　LC 型压线帽的技术参数

BV(铜芯)								
压线帽内导线规格(mm²)				颜色	配用压线帽型号	线芯进入压线管所需削线长度(mm)	压线管内加压所需线芯总根数	组合方案实际工作线芯根数
1.0	1.5	2.5	4.0					
导线根数								
2	—	—	—	黄	YMT-1	13	4	2
3	—	—	—				4	3

续表

压线帽内导线规格（mm²）				颜色	配用压线帽型号	线芯进入压线管所需削线长度（mm）	压线管内加压所需线芯总根数	组合方案实际工作线芯根数
1.0	1.5	2.5	4.0					
导线根数								
BV(铜芯)								
4	—	—	—	黄	YMT-1	13	4	4
1	2	—	—				3	3
6	—	—	—	白	YMT-2	15	6	6
—	4	—	—				4	4
3	2	—	—				5	5
1	—	2	—				3	3
2	1	1	—				4	4
—	—	2	—	红	YMT-3	18	4	2
—	—	3	—				4	3
—	—	4	—				4	4
—	2	3	—				5	5
—	4	2	—				6	6
1	—	2	1				4	4
—	2	—	2				4	4
8	—	1	—				9	9
BLV(铝芯)								
—	—	2	—	绿	YMT-1	14	4	2
—	—	3	—				4	3
—	—	4	—				4	4
—	—	3	2	蓝	YMT-2	15	5	5
—	—	—	4				4	4

LC 型压线帽的包扎工艺图 8-56 所示。

准备好压线钳、剥线钳、压线帽等

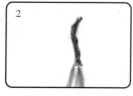

将两根导线拧成一股

将需要压接的压线帽放进压线钳中并稍用力固定压线帽

图 8-56　LC 型压线帽的包扎工艺

将导线放进压线帽并用力压接　　　　　　完成效果图

图 8-56　LC 型压线帽的包扎工艺（续）

2. 固定面板

固定面板前需要对底盒进行清理，用工具轻轻将盒内残存的灰块剔掉，如图 8-57 所示，同时将其他杂物一并清出盒外，再用布将盒内的灰尘擦干净。

用螺钉将面板平正地固定于墙面上，固定面板时，应先拧底盒活动的那边，拧螺钉时，必须用手按住面板。最后盖上前面板，如图 8-58 所示。

图 8-57　将底盒内残存的灰块剔掉

固定两个螺钉　　　　　　安装盖板　　　　　　安装开关板

开关板已装好　　　　　　安装前面板

图 8-58　固定面板

电话插座安装示意图如图 8-59 所示。

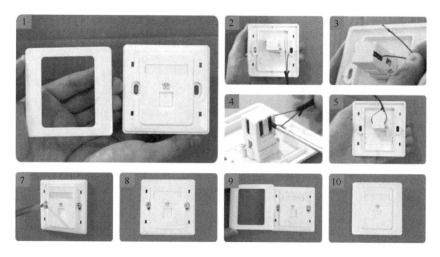

图 8-59　电话插座安装示意图

8.3.5　有线电视、网线插座的安装

1. 有线电视插座的安装

有线电视插座的外形如图 8-60 所示。

1）有线电视插座的接线方法之一

有线电视插座的接线方法之一是焊接法，如图 8-61 所示。

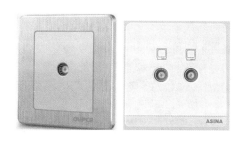

图 8-60　有线电视插座的外形

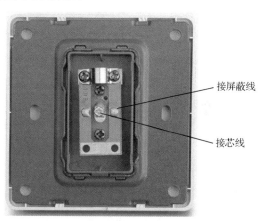

图 8-61　有线电视插座的接线方法之一

2）电视插座的接线方法之二

从底盒中拉出同轴电缆，将同轴电缆剥线，露出 1cm 左右的铜芯线，再剥掉一端护套线层，该处的屏蔽层和发泡绝缘层保留，然后将铜芯线和屏蔽线分别固定在插座上，这就是电视插座的接线方法之二——连接法，如图 8-62 所示。

2. 网线插座的安装

网线插座的外形结构如图 8-63 所示。

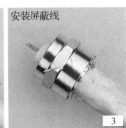

图 8-62　有线电视插座的接线方法之二

图 8-63　网线插座的外形结构

首先打开插座的盒盖，把网线按标准颜色的顺序（T586A 或 T568B）排好；然后对应插入插座的线槽内，仔细检查插入的良好程度；最后用手指压下盒盖，就完成了整个安装，如图 8-64 所示。

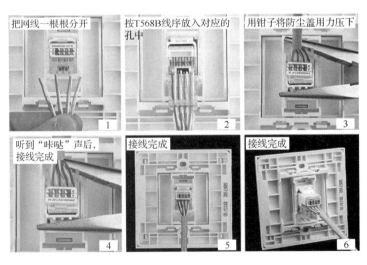

图 8-64　网线插座的接线方法

网线插座安装示意图如图 8-65 所示。

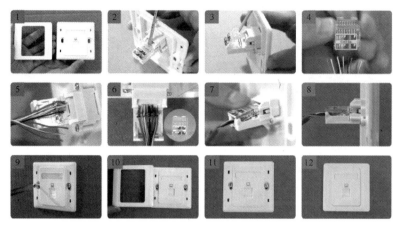

图 8-65　网线插座安装示意图

8.4　照明灯具的安装

8.4.1　照明灯具的安装要求

（1）灯具安装必须牢固，固定件的承载能力应与照明灯具装置的质量相匹配。

（2）固定照明灯具的安装方式，可采用预埋吊钩、螺栓、螺钉及膨胀栓等，严禁使用木楔。

（3）对于普通吊线灯，当质量在 0.5kg 以下时，可用软线自身吊装；0.5kg 以上时，应采用吊链吊装，软线应织在链环内，以避免吊线承受拉力。用软线吊灯时，在灯吊盒及灯座内应做保险扣，以免导线承受拉力，造成断线、短路等事故。当灯具质量超过 3kg 时，应固定在预埋的吊钩或螺栓上。

（4）安装灯具前应先和业主将所购材料清点，看配件是否齐全、有玻璃的灯具是否破碎，将灯具安装的位置写在包装盒上。

（5）吊链式灯具的拉线不应受压力，灯线必须超过吊链 20mm，灯线与吊链编织在一起。

（6）对于同一房间内或场所成排安装的灯具，在安装时，应先定位、后安装，中心偏差应小于或等于 2mm。

（7）镜前灯一般要安装在距地面 1.8m 左右，但必须与业主沟通后确定；旁边应预留插座及镜前灯开关。

（8）嵌入式装饰灯具的安装必须符合下列要求。

① 灯具应固定在专设的框架上，导线在灯盒内应留有余地，以方便拆卸维修。

② 灯具的边框应紧贴顶棚面且完全遮盖灯孔，不得有露光现象。

③ 日光灯管组合的开启式灯具，灯管排列应整平，其格栅片不应有扭曲等缺陷。

④ 矩形灯具的边框宜与顶棚的装饰直线平行，其偏差不应大于 5mm。

（9）灯带长度一般是按整米剪断，如 4.5m 就应剪成 5m 长。

（10）从安全角度考虑，射灯必须配备相应的变压器。考虑所安装射灯的空间是否足够，如空间狭窄，用 $\varPhi 40mm$ 的灯架，则用迷你型变压器。另外，要检查灯杯和灯泡的额定电压是否为 12V。

（11）对于客厅的花灯，如灯泡个数较多，就应确定是否分为几路控制，根据有几路控制来设置控制线，或使用相应的电脑开关。

（12）室内安装壁灯、床头灯、台灯、落地灯、镜前灯等灯具时，灯具的金属外壳均应接地，以保证使用安全。

8.4.2 白炽灯的安装

白炽灯的灯座分为螺口灯座和卡口灯座两种。

螺口灯座接线时，相线接在灯座的中心，零线接在螺口，开关接在相线上，有4种接线情况，如图8-66所示。

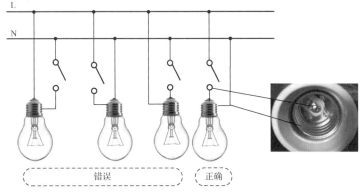

图8-66 螺口灯座接线图

卡口灯座接线时，只要将开关接在相线上就是正确的，因此，只有两种接线情况，如图8-67所示。

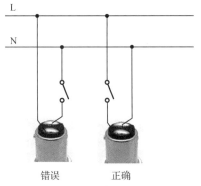

图8-67 卡口灯座接线图

白炽灯的安装效果图如图8-68所示。

图8-68 白炽灯的安装效果图

8.4.3 吸顶灯的安装

吸顶灯是直接安装在天花板上的一种固定灯具。它的光线比较柔和、不伤眼、又节约空间，而且有很多样式可以起到装饰作用。

各种吸顶灯的安装方法基本相同，其安装步骤如图 8-69 所示。

图 8-69 吸顶灯的安装步骤

1. 安装准备

安装吸顶灯前，需准备电锤、电钻、剥线钳、铅笔、大和小十字螺丝刀、膨胀螺栓等。

2. 材料验收

首先要做的是检查灯具规格型号是否符合图纸和设计要求，质量证明文件和合格证应齐全，并应有"3C"标志和证书。检查零部件是否齐全，表面是否有损伤，灯头线是否符合要求。

3. 灯具组装

在安装时，如果灯具比较复杂，要根据灯具的组装示意图进行各部件的组装。选择适宜的场地，戴上纱线手套，灯内穿线的长度适宜，多股软线应涮锡，理顺导线，用尼龙扎带绑扎避开灯泡的发热区。

4. 定位、打孔、安装挂板（或底座）

（1）先在天花板上定位。定位时可用尺子测量并精确计算，也可以采取地面另一人用肉眼观察定位。定位后就可用打孔了，打孔的孔径应根据膨胀螺栓的具体规格来选择。孔打好后再把膨胀螺栓敲入天花板孔内。

（2）将平垫垫在自攻螺栓上，自攻螺丝穿过挂板孔顺时针旋入螺栓，锁紧挂板。挂板安装示意图如图 8-70 所示。

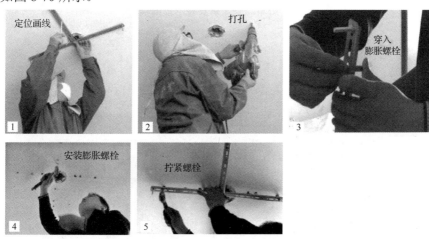

图 8-70 挂板安装示意图

5. 安装灯体盘、接线

（1）将以前预留的电线穿入底座的电线孔，用一只手托住吸顶灯的底座，将它放在要安装的位置。

（2）将灯体盘孔位与挂板螺丝对好，挂板螺丝穿过灯体盘孔，接着使用螺丝刀将其中一个螺丝拧入空位，注意不要拧得太死，以便检查到位置没有完全准确的时候再移动，经过检查，位置安放正确。最后就可以把剩余的全部螺丝都拧好。

（3）用接线帽或接线底座连接好灯体和天花板的电源线，再用扎线带将线锁紧。

灯体盘安装示意图如图 8-71 所示。

图 8-71　灯体盘安装示意图

（4）安装灯罩。此步骤应佩戴配件包中的手套。配件包中的主要配件一般为手套 1 只、扎线带、壁虎、自攻螺丝、垫片、接线帽等。配件包如图 8-72（a）所示。最后，灯罩要用锁扣固定好，如图 8-72（b）所示。

（a）配件包　　　　　　　　　　（b）灯罩安装

图 8-72　灯罩安装示意图

8.4.4　射灯的安装

射灯又称为筒灯，通常是以嵌入式安装在天花板内。射灯内可以安装白炽灯、节能灯等光源。常见的射灯外形如图 8-73 所示。

图 8-73　常见的射灯外形

射灯的安装方法与步骤如图 8-74 所示。

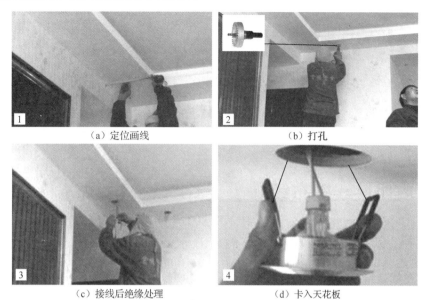

(a) 定位画线　　　　　　　　　(b) 打孔

(c) 接线后绝缘处理　　　　　　(d) 卡入天花板

图 8-74　射灯的安装方法与步骤

射灯安装后的效果图如图 8-75 所示。

图 8-75　射灯安装后的效果图

第 9 章 室内明装布线

9.1 室内明装线槽布线

9.1.1 塑料、金属线槽简介

线槽配线就是将导线放入线槽内的一种配线方式。用于配线的线槽按材质可分为塑料线槽和金属线槽;按敷设方式,可分为明敷设与暗敷设两种。

1. 塑料线槽

PVC 塑料线槽由难燃型硬聚氯乙烯工程塑料挤压成型,包括槽底、槽盖及附件等。塑料线槽布线用于干燥场合做永久性明线敷设,或用于永久性建筑的附加线路,也用于弱电线路吊顶内暗敷设场所。

PVC 塑料线槽外形如图 9-1 所示。

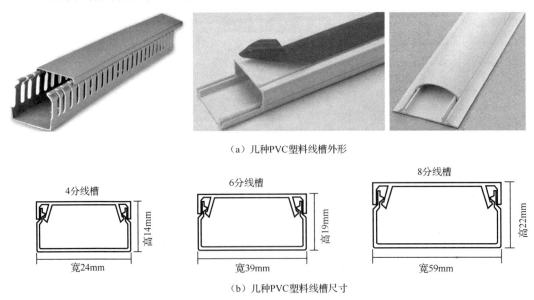

图 9-1 PVC 塑料线槽外形

2. 金属线槽

金属线槽配线一般适用于正常环境的室内场所明敷,由于金属线槽多由厚度为 0.4~

1.5mm 的钢板制成,其结构特点决定了在对金属线有严重腐蚀的场所不应采用金属线槽配线。具有槽盖的封闭式金属线槽有与金属导管相当的耐火性能,可用于建筑物顶棚内敷设上。

金属线槽主要有镀锌金属线槽,其外形如图 9-2 所示。

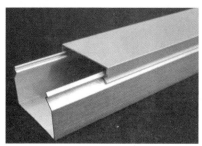

图 9-2 金属线槽外形

9.1.2 线槽布线定位

1. 线槽配线的一般规定

(1)线槽安装应保证外形平直。金属线槽宜敷设在干燥和不易受损的场所。敷设前应清理槽内的杂物。

(2)为避免浇灌混凝土时砂浆进入地面线槽内,应采取防水密封处理,使地面线槽系统(线槽、分线盒、出线口、中间接头)具有密封性。

(3)线槽底板接口与盖板接口应相互错开,其错开距离不应小于 10cm。

(4)金属线槽吊装支架安装间距,直线段一般为 1500～2000mm,在线槽始端、末端 200mm 处及线槽走向改变或转角处应加装吊装支架。

(5)除地面线槽外,在同一线槽内不同供电回路或不同控制回路的电线宜每隔 500mm 分别绑扎成束,并加以标记或编号,以便检修。

(6)线槽内的导线或电缆不得有接头,接头应在接线盒及分线盒内或出线口内进行。

(7)线槽通过墙壁或楼板处应按防火规范要求,采用防火绝缘堵料将线槽内和线槽四周空隙封堵。

2. 线槽布线定位

线槽布线定位的工艺顺序如图 9-3 所示。

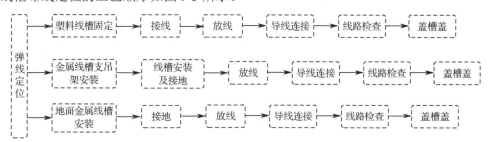

图 9-3 线槽布线定位的工艺顺序

线槽布线定位与暗装布线定位类似,这里不再赘述。

线槽布线效果图如图 9-4 所示。

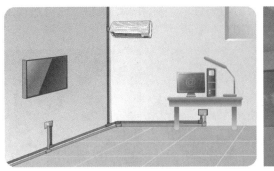

图 9-4　线槽布线效果图

9.2　塑料线槽安装

1. 线槽的固定

线槽的固定方法有自攻螺钉固定、双面泡沫胶带固定和强力玻璃胶固定等。

1) 自攻螺钉固定

自攻螺钉固定的方法如图 9-5 所示。

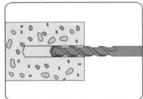

（a）墙壁打孔　　　（b）墙壁安装膨胀螺栓　　　（c）自攻螺钉固定线槽

图 9-5　自攻螺钉固定

2) 双面泡沫胶带固定

双面泡沫胶带固定的方法如图 9-6 所示。

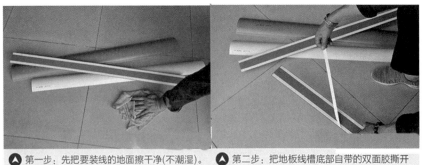

图 9-6　双面泡沫胶带固定的方法

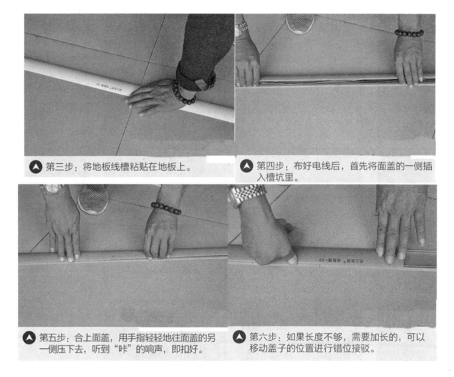

图 9-6 双面泡沫胶带固定的方法（续）

3）强力玻璃胶固定

在画线的位置打上强力玻璃胶，把线槽底盒粘上即可。强力玻璃胶如图 9-7 所示。

图 9-7 强力玻璃胶

2. 线槽的附件

线槽的附件主要有接头等，附件外形如图 9-8 所示。

  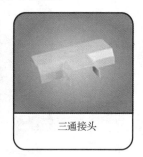 

| 线槽直接头 | 直角弯接头 | 三通接头 | 线槽一字接头 |

图 9-8 附件外形

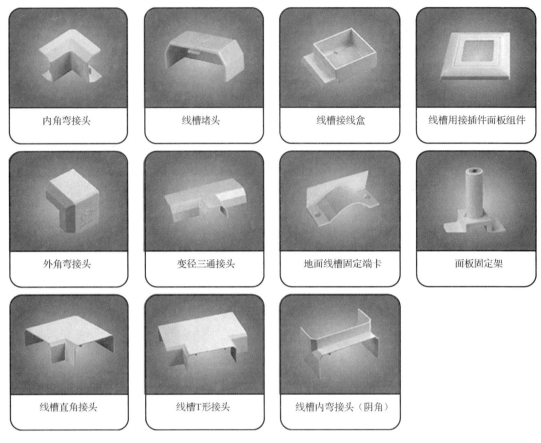

图 9-8 附件外形（续）

线槽及附件连接时应严密平整、无缝隙。线槽分支接头、线槽附件（直通、三通转角、接头、插口、盒、箱）应采取相同材质的定型产品。

3. 拐角的连接

1）用附件进行连接

拐角用附件进行连接的示意图如图 9-9 所示。

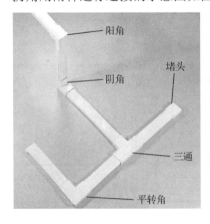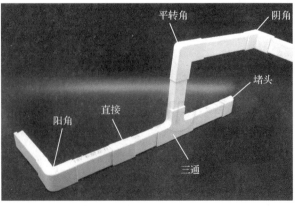

图 9-9 拐角用附件进行连接示意图

2）不用附件进行连接

拐角不用附件进行连接一般有以下方法。

水平拐角切割示意图如图 9-10 所示。

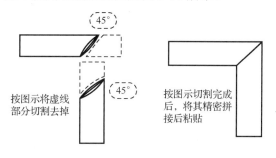
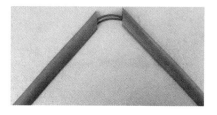

图 9-10　水平拐角切割示意图

三通拐角切割示意图如图 9-11 所示。

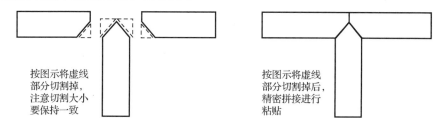

图 9-11　三通拐角切割示意图

直通对接示意图如图 9-12 所示。

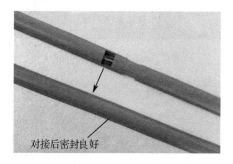

图 9-12　直通对接示意图

4．插座的安装

插座的安装示意图如图 9-13 所示。

图 9-13　插座的安装示意图

5. 塑料线槽安装效果图

塑料线槽安装效果图如图 9-14 所示。

图 9-14　塑料线槽安装效果图

9.3　金属线槽安装

9.3.1　常见的金属线槽及其附件

常见的金属线槽如图 9-15 所示。

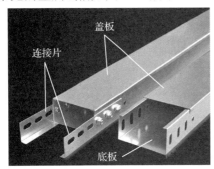

图 9-15　常见的金属线槽

金属线槽的附件如图 9-16 所示，附件连接示意图如图 9-17 所示。

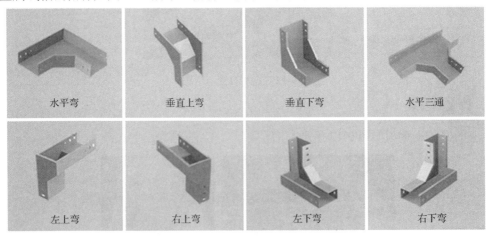

（a）接头类附件

图 9-16　金属线槽的附件

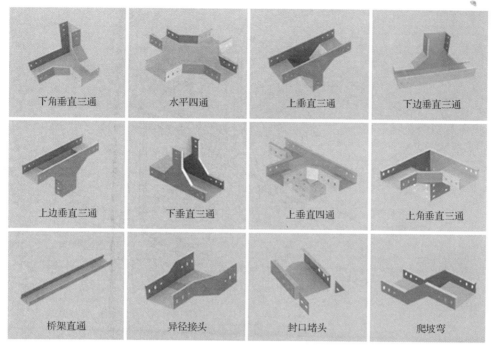

(a）接头类附件

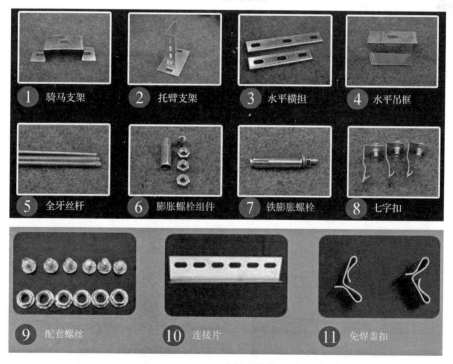

(b）固定类附件

图 9-16　金属线槽的附件（续）

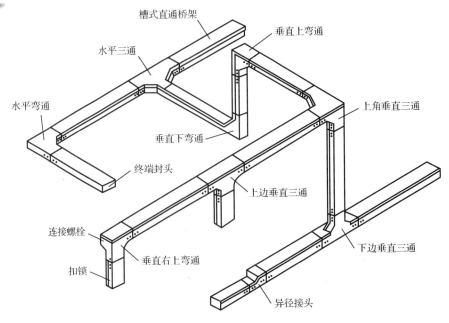

图 9-17 附件连接示意图

9.3.2 桥架吊装的几种方法

桥架吊装的几种方法如图 9-18 所示。

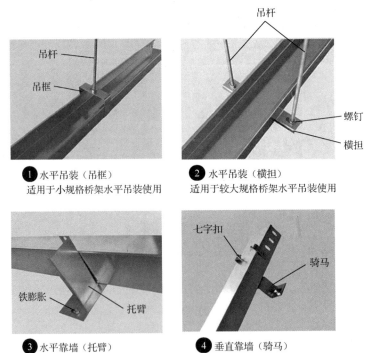

图 9-18 桥架吊装的几种方法

（1）桥架的连接。桥架一般用骑马螺钉、防滑螺帽、连接片等进行连接，连接示意图如图 9-19 所示。

图 9-19　桥架的连接示意图

（2）金属线槽安装有明装和暗装。明敷设可沿墙用金属线槽配半圆头木螺钉的方式进行固定安装，也可以采用托臂支承或用扁钢、角钢支架支承，以及用吊装悬吊安装和沿墙垂直安装，如图 9-20～图 9-25 所示。

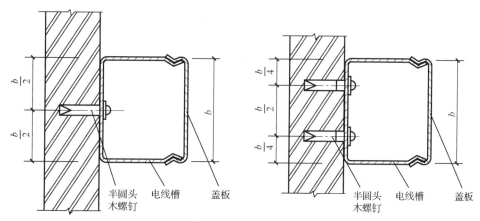

图 9-20　金属线槽在墙壁上安装

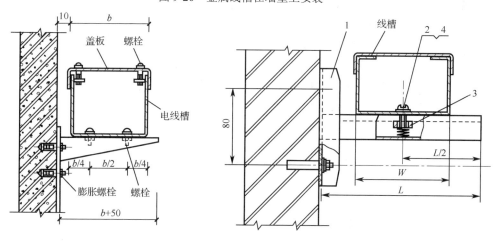

图 9-21　金属线槽托臂支承安装

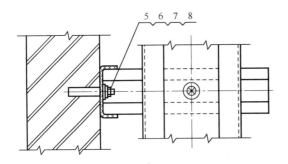

去线槽槽盖后

编号	名称
1	悬臂架
2	螺钉
3	弹簧螺母垫
4	垫圈
5	膨胀螺栓
6	螺母
7	垫圈
8	垫圈

图 9-21 金属线槽托臂支承安装（续）

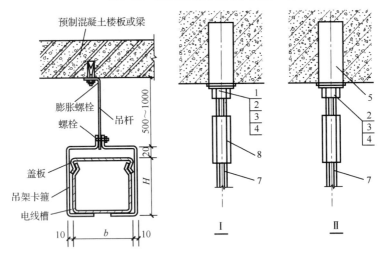

图 9-22 金属线槽吊装方式

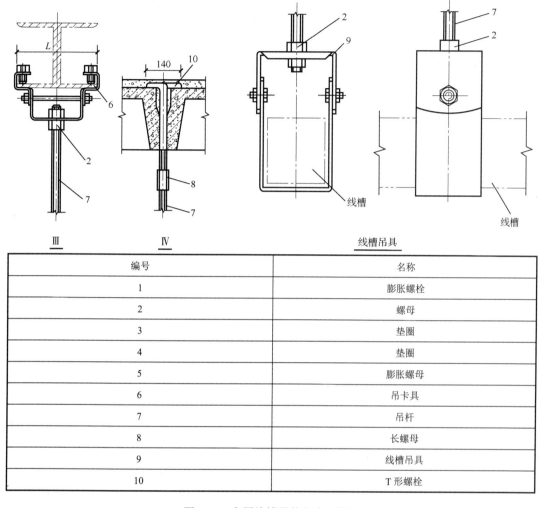

编号	名称
1	膨胀螺栓
2	螺母
3	垫圈
4	垫圈
5	膨胀螺母
6	吊卡具
7	吊杆
8	长螺母
9	线槽吊具
10	T形螺栓

图 9-22 金属线槽吊装方式（续）

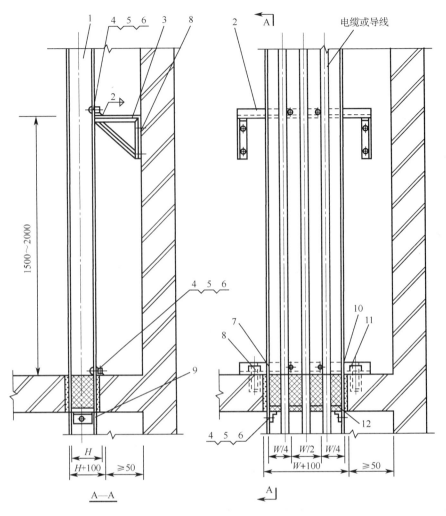
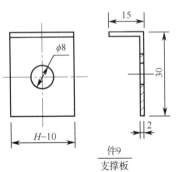

编号	名称	编号	名称
1	金属线槽	7	角钢支架
2	横梁	8	膨胀螺栓
3	支架	9	支撑板
4	螺钉	10	防火堵料
5	螺母	11	防火堵料
6	垫圈	12	耐火隔板

图 9-23 金属线槽沿墙垂直安装方式

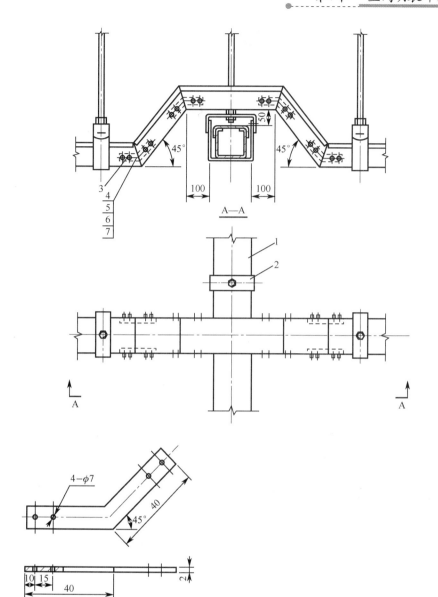

图 9-24　吊装金属线槽交错安装

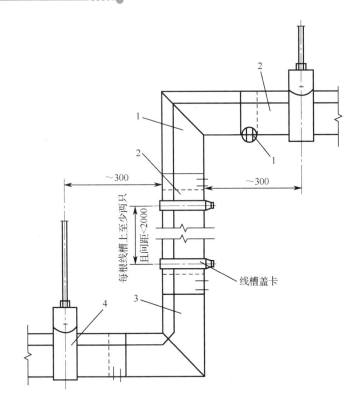

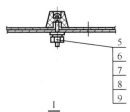

编号	名称
1	外向二通
2	线槽
3	内向二通
4	线槽吊具
5	帽垫
6	螺钉
7	垫圈
8	垫圈
9	螺母

注：1. 本图适用吊装金属线槽水平高度变化段安装。

2. 编号5～9随线槽配套供应。

3. 线槽连接处应平整，并避免紧固件突出损伤导线。

图 9-25　吊装金属线槽垂直安装

金属线槽安装效果图如图 9-26 所示。

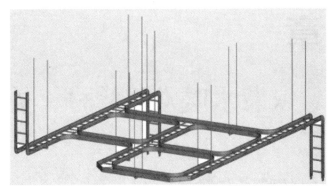

（a）金属线槽安装效果图 1

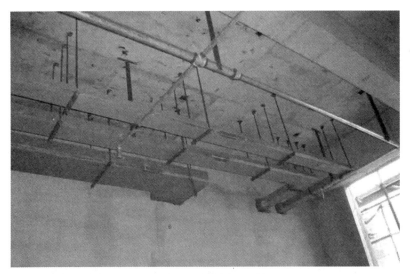

（b）金属线槽安装效果图 2

（c）金属线槽安装效果图 3

图 9-26 金属线槽安装效果图

第10章 家装水暖常用管材、管件

10.1 水暖管材的特点与种类

目前在水暖工程中经常采用的塑料管有聚丙烯管（PP-R）、聚乙烯管（PE）、硬聚氯乙烯管（PVC-U）、氯化聚氯乙烯管（CPVC）。其中 PP-R 管使用最多，下面介绍其特点与种类。

10.1.1 给水管材及管件

在建筑给水系统中，管材承担着输送给水的重要任务，它的选用不仅涉及给水的压力、给水的温度、还涉及给水的水质状况、使用环境、建筑物的寿命、使用管径和连接形式等因素。

现在大多数家装给水工程或给水改造工程，都以暗敷的方式进行施工，因此，要求给水管的管径不大于 DN25。塑料管材的工程压力有 1.25MPa、1.6MPa、2.0MPa 和 2.5MPa 几种承压等级，室内装修工程中，给水管道系统的工作压力一般不大于 0.6 MPa，且管径 DN<50，因此，冷水管选用 1.6MPa，热水管选用 2.0 MPa 承压等级的管材就能够满足承压要求，不需要选择压力太大的。

现代家装给水多采用 PP-R 管。PP-R 管系列产品包括 PP-R 管材和 PP-R 管件，其中，管材产品包括 PP-R 管（灰色）、PP-R 家庭精装管（白色）、PP-R 家庭精装管（双色），管件产品包括 PP-R 管件（灰色）和 PP-R 管件（白色），PP-R 管材、管件外形如图 10-1 所示。PP-R 管系列管材规格见表 10-1。

（a）PP-R管材外形图

图 10-1 PP-R 管材、管件外形

第10章 家装水暖常用管材、管件

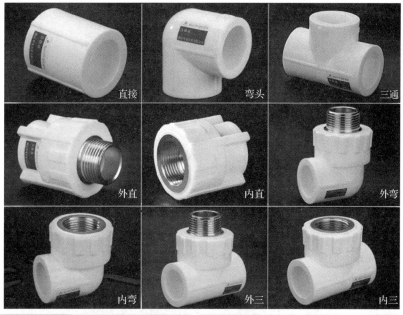

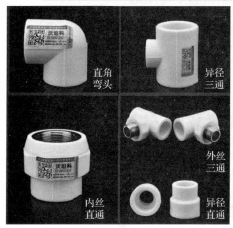

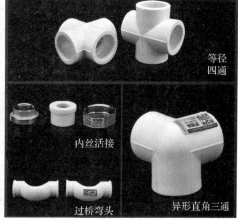

（b）PP-R管件外形图

图10-1 PP-R管材、管件外形图（续）

表10-1 PP-R管系列管材规格

PP-R管尺寸	管材的尺寸是指外径，管件的尺寸是指内径					
管材外径（mm）	ϕ20	ϕ25	ϕ32	ϕ40	ϕ50	ϕ63
俗称	4分	6分	1寸	1.2寸	1.5寸	2寸
带螺纹系列	S直接、L弯头、T三通、F内丝、M外丝					
螺纹规格	1/2分	3/4分	1寸	11/4寸	11/5寸	2寸
俗称	4分	6分	1寸	1.2寸	1.5寸	2寸
对应尺寸（mm）	DN15≈20	DN20≈25	DN25≈32	DN32≈40	DN4≈50	DN50≈63

冷水管在管道上有蓝色的识别线，热水管在管道上有红色的识别线，如图10-2所示。冷、热水管的壁厚是不相同的，承受压力也不同。热水管有导热系数，冷水管不存在导热系数，

热水管可以通冷水,但冷水管不可以通热水。如果条件允许的话,全部使用热水管也是可以的。

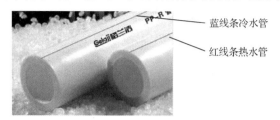

图 10-2　冷水管和热水管标记

10.1.2　排水管材及管件

排水管材主要用硬聚氯乙烯管(PVC-U),主要规格有 $D50×2.0$(管径 mm×壁厚 mm)、$D75×2.3$、$D110×3.2$、$D160×4.0$ 和 $D200×4.9$。PVC-U 管材的外形如图 10-3 所示。PVC-U 管件的外形如图 10-4 所示。

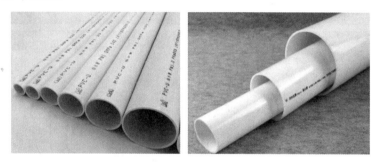

图 10-3　PVC-U 管材的外形

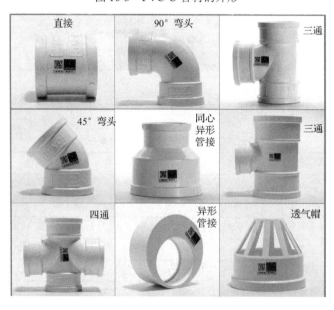

图 10-4　PVC-U 管件的外形

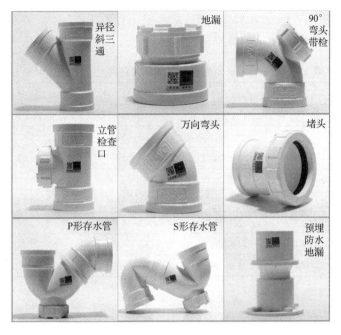

图 10-4　PVC-U 管件的外形（续）

10.1.3　地暖管材

目前，国内用于低温热水地板辐射采暖网系统的主要管材是 PE-RT 管。PE-RT 管的外形如图 10-5 所示。

图 10-5　PE-RT 管的外形

PE-RT 管的特点及参数如下。

- 良好的稳定性——使用寿命长。管材均质性好、性能稳定、抗蠕变性好。应用在采暖、热水系统中，可保证使用 50 年。
- 抗冲击性能好——安全性高。低温脆裂温度可达-70℃，可在低温环境下运输、施工；抵御外力撞击的能力大大高于其他管材。
- 柔韧性极佳——易弯曲、易施工；防应力开裂。管道易弯曲，弯曲后不反弹。避免在使用过程中由于应力集中而引起管道在弯曲处出现破坏。在低温环境下施工，无须对管材预热，施工方便。
- 热熔连接易修复——安装简单、维修方便，性价比高。地面辐射采暖管道系统若因外力造成管道系统破坏，可采取热熔方式对管道进行修复。方便、快捷、安全，无须更换整条采暖管。工程安装成本、维修成本低，性价比高。

PE-RT 管系列厚壁及壁厚允许误差见表 10-2。

表 10-2　PE-RT 管系列厚壁及壁厚允许误差（单位：mm）

公称外径（DN）	管　系　列				
	S6.3	S5	S4	S3.2	S2.5
16（+0.3）	—	—	2.0（0.4）	2.2（0.4）	2.7（0.4）
20（+0.3）	—	2.0（0.4）	2.3（0.4）	2.8（0.4）	3.4（0.5）
25（+0.3）	2.0（0.4）	2.3（0.4）	2.8（0.4）	3.5（0.5）	4.2（0.6）
32（+0.3）	2.4（0.4）	2.9（0.4）	3.6（0.5）	4.4（0.6）	5.4（0.7）
40（+0.4）	3.0（0.5）	3.7（0.5）	4.5（0.6）	5.5（0.7）	6.7（0.8）
50（+0.5）	3.7（0.5）	4.6（0.6）	5.6（0.7）	6.9（0.8）	8.3（1.0）
63（+0.6）	4.7（0.6）	5.8（0.7）	7.1（0.9）	8.6（1.0）	10.5（1.2）

注：括号内数字为管径与管壁的允许偏差值。

10.2　管材的连接

10.2.1　给水管材的连接

目前，PPR 管材主要采用热熔连接。热熔连接的原理是将两根 PP-R 管道的配合面紧贴在加热工具上来加热其平整的端面直至熔融，移走加热工具后，将两个熔融的端面紧靠在一起，在压力的作用下保持到接头冷却，使之成为一个整体。手工热熔焊机外形如图 10-6 所示，其主要由支架、凹凸热熔头、内六角扳手等组成，其中凹凸热熔头常有 20、25、32、40、50、63 等型号。

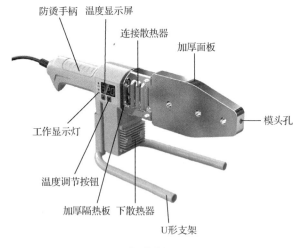

（a）手工热熔焊机外形结构　　　　　　（b）熔头外形结构

图 10-6　手工热熔焊机外形

热熔焊机的使用方法如下。

（1）固定热熔焊机安装加热熔头，把热熔焊机放置于架上，根据所需管材规格安装对应的加热熔头，并用内六角扳手扳紧，一般小的在前端，大的在后端。

（2）接通电源后热熔焊机有红绿指示灯，绿灯代表加热，红灯代表恒温，热熔时温度为260℃～280℃，低于或高于该温度，都会造成连接处不能熔合，留下渗水隐患。

（3）对每根管材的两端在施工前应检查是否损伤，以防止运输过程中对管材产生的损害，如有损害或不确定，在熔接时，端口应剪去4～5cm。

（4）加热时，把管端口导入加热熔头套内，插入所标识的深度，同时把管件推到加热熔头上达到规定标志处。

（5）达到加热时间后，立即把管材管件从加热熔头上同时取下，迅速地直线插入已热熔的深度，使接头处形成均匀凸缘，并要控制插进去后反弹。

（6）在规定的冷却时间内，严禁让刚加工好的接头处承受外力。

热熔焊机操作要点及技巧如下。

一是温度设定。温度的一般设定见表10-3。

表10-3 温度的一般设定

管　　型	PP-R	PB	PE-RT	熔接型铝塑管
温　　度	260℃～280℃	240℃～255℃	200℃～250℃	260℃

温度设定依据是材料性质，所设定值可上下浮动2℃～3℃。热熔工艺与环境温度有关，环境温度低，可设定高温度值；反之亦然。当环境温度为5℃以下时，不宜实施热熔焊接。

二是掌握加热时间。如果加热时间过短，易发生管件加热不均匀，从而导致对口困难；如果加热时间过长，则管件易熔化，出现过多胶状物质而流失。加热时间可参照表10-4。

表10-4 参照加热时间

管径（mm）	加热时间（s）	管径（mm）	加热时间（s）
20	5	63	24
25	7	75	30
32	8	90	40
40	12	110	50
50	18		

熔接工艺流程如图10-7所示。

（7）安装PP-R管注意事项。

① 首选预先预热热熔焊机，并且清理好热熔接头的杂物。

② 用专业的剪刀垂直切割管道，切口要保持齐整、无瑕疵。

③ 热熔时，要注意热熔时间，避免过早和过迟，过早管道热熔不结实，过迟热熔面过烂会存在隐患，会导致漏水或爆管。

④ 热熔好，马上进行对接，避免空挡时间导致管道热熔面冷却。

⑤ 冷却后，检测接口是否牢固和是否有瑕疵。

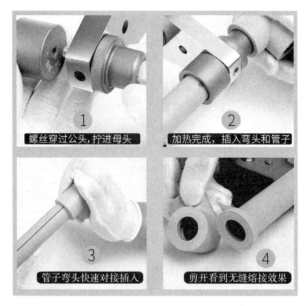

图 10-7 熔接工艺流程

（8）PP-R 管材的断管。

① 小口径 PP-R 管材的断管。小口径 PP-R 管材的断管一般是采用管剪来进行的，管剪断管方法如图 10-8 所示。

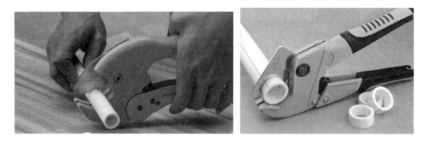

图 10-8 管剪断管方法

② 大口径 PP-R 管材的断管。大口径 PP-R 管材的断管一般采用的是割管刀或钢锯。割管刀外形如图 10-9 所示。

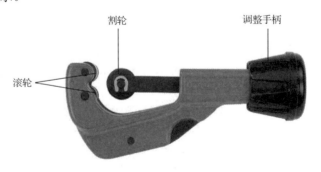

图 10-9 割管刀外形

割管刀的使用方法如下：在切割时，将金属管放在割轮和滚轮之间，割轮与铜管垂直。

然后一手捏紧管子（若手捏不住，可用扩口工具加紧），另一手转动调整手柄夹紧管，使割轮的切刃入管子管壁，随即均匀地将割管器环绕铜管旋转进刀。旋转数圈后再拧动调整手柄，使割轮进一步切入管子，每次进刀量不宜过多，拧紧 1/4 圈即可，然后继续转动割管器。此后边拧边转，直至将管子切断。

10.2.2 排水管材的连接

1．PVC-U 管材的断管

PVC-U 管材的断管常用的工具有割管刀、管锯和切割机等。

2．PVC-U 管材的连接

PVC-U 管材的连接是采用胶黏剂黏接。这种黏接剂是专用的，如图 10-10 所示。

图 10-10　PVC-U 管材专用黏接剂

PVC-U 管材的黏接方法如下。

（1）使用钢锯或切割机进行切割管材，切割时应保持管口平整垂直，并在插口处倒小圆角，即管口外缘倒角，坡度宜为 15°～20°，如图 10-11（a）所示。

（2）黏接前严格做好清洁工作，然后用胶水迅速涂抹在插口外侧管径、承口内侧结合面，均匀涂抹，不得漏涂，胶水用量应适量，如图 10-11（b）所示。

（3）将插口对准承口，迅速用力插入，确保承接的角度位置正确，承接应一次完成（当插入一半时稍加转动，但不超过 1/4 圈，然后用力插到底部且不得再转动），如图 10-11（c）所示。

黏接工艺完成后，应将残留承口的多余胶水擦干净，常温下黏接部位在 1s 内不应受外力作用，24s 内不得通水，如图 10-11（d）所示。

（a）切割管材　　　　　　　　　　（b）涂抹胶水

图 10-11　PVC-U 管材黏接方法

（c）承接管材　　　　　　　　　　　　（d）擦干净多余胶水

图 10-11　PVC-U 管材黏接方法（续）

第11章 水管管道及其附属器件的安装

11.1 给水管道的布管方式

11.1.1 室内给水的几种方式

1. 直接给水方式

直接给水方式如图11-1所示,这种方式适用于室外管网的水压能保证室内不间断供水的情况,室内用水可直接从室外管网接入引入管。

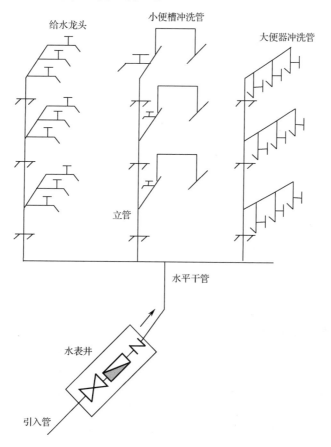

图 11-1 直接给水方式

2. 水箱给水方式

水箱给水方式如图 11-2 所示。这种方式适用于室外管网水压在一日之内不能完全满足室内最不利点的连续用水要求；或室内一些设备要求水压稳定时，可采用这种供水方式。该供水系统的引入管应设置止回阀。

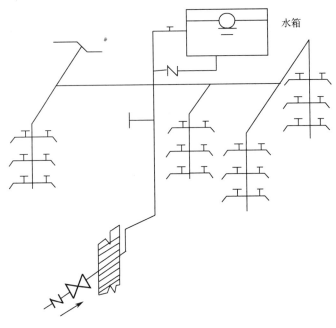

图 11-2　水箱给水方式

3. 水箱、水泵给水方式

水箱、水泵给水方式如图 11-3 所示，该方式适用于室外管网水压经常不能满足室内不利点的供水要求。例如，多层或高层建筑物供水系统。此种供水方式可在水箱中加一个水位控制器，使水泵自动开停。

4. 变速水泵给水方式

变速水泵给水方式如图 11-4 所示。

对于用水量较大，且用水不均匀性较突出的建筑，为降低电耗，应采用一台或多台变频水泵运行的方式来给水。

5. 分区给水方式

分区给水方式如图 11-5 所示。

在多层或高层建筑中，室外管网水压只能满足下部几层，可采用直接供水方式，而上部若干层应采用设有水箱、水泵的给水方式。两区之间在立管处可设连通管，并装设上阀门，必要时可起连通作用。

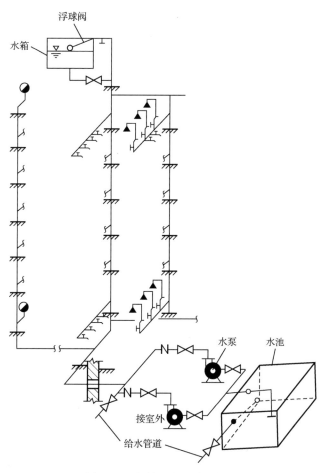

图 11-3 水箱、水泵给水方式

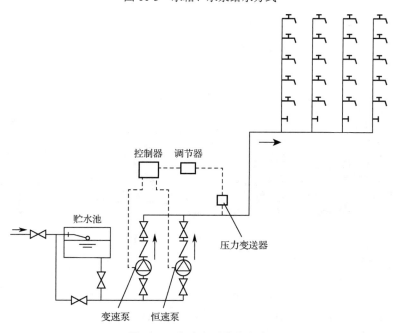

图 11-4 变速水泵给水方式

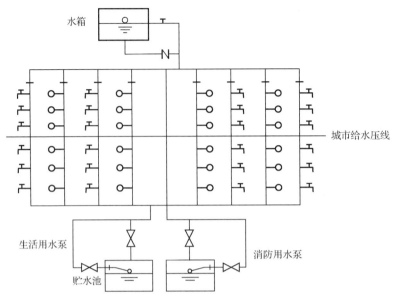

图 11-5　分区给水方式

11.1.2　室内给水水管的布管方式

1. 水管走屋顶

水管走屋顶的优点和缺点如下。

优点：原地面防水，破坏较少，地面不需要开槽，万一有漏水可以及时发现，避免祸及楼下，检修方便，水管出现漏水问题容易被发现。

缺点：该方案用料多，施工难度偏大，工程造价高些。如果是 PP-R 管的话，因它的质地较软，所以，必须吊攀固定（间距标准 60cm）。需要在梁上打孔，并且水管还要能穿过梁孔，因此对梁体有一定损害。一般台盆、浴缸等出水高度较低，这样管线会较长，对热量有损失。图 11-6 所示为水管走屋顶示意图。

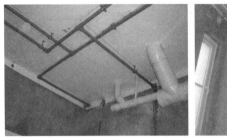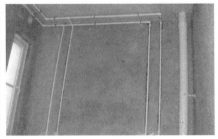

图 11-6　水管走屋顶示意图

2. 水管走墙体

优点：该方案用料少，管路安装较难，施工难度小，地面防水破坏较少，检修较方便，水管出问题漏水易发现，造价较低。图 11-7 所示为水管走墙体示意图。

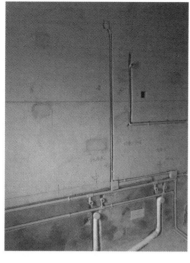
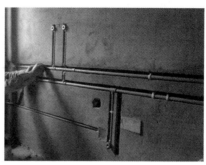

图 11-7　水管走墙体示意图

1）先砌墙再水电

优点：泥工砌墙相当方便，墙体晾干后放样较准确，水电定位都可以由水电工一次统一到位。

缺点：泥工需要两次进场施工，会增加工时。材料也需要进场两次，较麻烦。

2）先水电再砌墙

优点：敲墙后马上就可进行水电作业，工期紧凑，泥工一次进场即可。

缺点：林立的管线会妨碍泥工砌墙，并影响墙体牢固度，底盒也只能由泥工边施工边定位。由于先水电后砌墙，缩短墙体晾干期，有时会影响后期的油漆施工。

3. 水管走地

优点：安装最容易，用料少，施工难度小，槽后的地面能稳固 PP-R 管，造价最低。

缺点：需要在地面开槽，较费工，原地面防水破坏较多，检修不便。万一发生漏水现象，不能及时发现，对施工要求较高。图 11-8 所示为水管走地下示意图。

图 11-8　水管走地下示意图

11.1.3 常用洁具安装高度及其注意事项

1. 常用洁具安装高度

常用洁具安装高度见表11-1。

表 11-1 常用洁具安装高度

洁 具 名 称	安装高度（mm）	备 注
污水盆	500	—
洁面盆	800	自地面至上边缘
浴盆	≤520	
蹲便器（高水箱）	1800	自台阶至水箱底
蹲便器（低水箱）	900	
坐便器（高水箱）	1800	自地面至水箱底
坐便器（低水箱外漏排水管）	510	
坐便器（低水箱虹吸式）	470	
坐便器高度	250～300	—
蹲便器高度	1000～1100	—
挂式小便斗	600	自地面至下边缘
妇洗器	360	自地面至上边缘
台盘冷热水高度	500	
墙面出水台盘高度	950	
拖把池高度	600～750	
标准浴缸高度	750	
按摩室浴缸高度	150～300	
冲淋高度	1000～1100	
燃气热水器高度	1300～1400	
电热热水器高度	1700～1900	
小洗衣机高度	250～300	

上述提供的尺寸可以供参考，但要注意的是每个家庭的装修情况都不同，可根据自己的家庭装修来进行调整。

2. 卫生洁具给水配件的安装高度

卫生洁具给水配件的安装高度见表11-2。

表 11-2　卫生洁具给水配件的安装高度

洁具给水配件名称	配件中心距地面高度（mm）	洁具给水配件名称	配件中心距地面高度（mm）
洁面盆水龙头（上配水）	1000	浴盆（上配水）	670
洁面盆水龙头（下配水）	800	淋浴器截止阀	1150
蹲便器高水箱角阀	2040	淋浴器混合阀	1150
蹲便器高水箱截止阀	2040	花洒（下沿）	2100
蹲便器低水箱角阀	250	坐便器高水箱角阀	2040
蹲便器脚踏式冲洗阀	150	坐便器高水箱截止阀	2040
蹲便器手动冲洗阀	600	坐便器低水箱角阀	150
蹲便器拉管式冲洗阀	1600	洗涤盆水龙头	1000
挂式小便斗角阀	1150	妇洗器混合阀	360
挂式小便斗截止阀	1150	立式小便斗角阀	1130

3. 水管安装需要注意的问题

家装水管走线规则及施工注意事项如下。

（1）水路设计首先要想好与水有关的所有设备，如热水器、厨宝、净水器、马桶和洗手盆等，它们的位置、安装方式及是否需要热水等问题。

（2）要提前想好用燃气还是电热水器，避免临时更换热水器种类，导致水路重复改造。

（3）洗衣机位置确定后，洗衣机排水可以考虑把排水管做到墙面里面。洗衣机地漏最好不要用深水地漏，因为洗衣机的排水速度非常快，排水量大，深水封地漏的限水速度根本无法满足，结果会直接导致水流倒溢。

（4）装修期间应对排水口进行保护，特别是在厨卫贴瓷砖期间，最容易造成水泥落入排水口导致堵塞。

（5）给以后安装电热热水器、分水龙头等预留的冷、热水上下水管应该注意以下四点。

① 上下平行安装时，热水管应在冷水管上方，即"上热下冷"；垂直安装时，热水管应在冷水管的左侧，即"左热右冷"。保证间距为 15cm（现在大部分电热热水器、分水龙头冷热水上水间距都是 15cm，也有个别的是 10cm）。

② 冷热水上水各口高度一致。

③ 冷热水上水管口垂直墙面，贴瓷砖也应该注意不要贴歪了（不垂直的话，以后的安装就很费劲）。

④ 冷热水上水管口应该高出墙面 2cm。

（6）冷、热水出水水口必须水平，混水阀孔距一般保持在 150mm。

（7）立柱盆的冷、热水龙头离地高度为 500～550mm，下水道一定要装在立柱内。

（8）安装厨、卫管道时，管道出墙的尺寸应考虑到墙砖贴好后的最后尺寸，即预先考虑墙砖的厚度。

（9）给水管道的走向、布局要合理；进水应设有室内总阀，安装前必须检查水管及连接配件是否有破损、砂眼、裂纹等现象。

（10）水表安装位置应方便读数，水表、阀门离墙面的距离要适当，要方便使用和维修。

（11）墙体内、地面下，尽可能少用或不用连接配件，以减少渗漏隐患点。连接配件的安装要保证牢固、无渗漏。

（12）墙面上给水预留口（弯头）的高度要适当，既要方便维修，又要尽可能少让软管暴露在外，并且不另加接软管，给人以简洁、美观的视觉。对下方没有柜子的立柱盆一类的洁具，预留口高度，一般应设在地面上 600mm 左右。立柱盆下水口应设置在立柱底部中心或立柱背后，尽可能用立柱遮挡。壁挂式洗脸盆（无立柱、无柜子）的排水管一定要采用从墙面引出弯头的横排方式设置下水管（即下水管入墙）。

（13）水路安装、改造完毕应做打压测试。打压时最好有业主在场，起监督作用。实验压力不应该小于 0.6MPa，时间为 20min。

11.2 家装给水水管布管流程工艺

家装水管布管流程工艺图如图 11-9 所示。

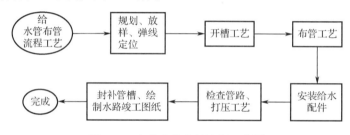

图 11-9　家装水管布管流程工艺图

11.2.1　规划、放样、弹线定位工艺

按照施工设计图纸给水管布管，当没有图纸时就需要与客户进行协商、规划，如果客户有什么特殊要求，就要多预留一些出水口，以满足以后的需要。

放样定位：放样的具体操作为将定位后的出水口，按照管线的敷设路径用直线全部连接起来，在墙面、地面和顶面上用线标示全部的管径走向。

定位一定要用水平尺，不要靠"经验"操作，否则会影响后期工序的进行和施工质量。

装修给水管走线要根据厨房、卫生间、生活阳台（一般放置洗衣机等）实际使用情况，合理确定各用水点，如阀门、水龙头、淋浴器、角阀的位置及管道走向途径，画线定位。放样定位的具体要求与暗装电路相似，唯一不同的是，地面布管一般不开槽，因此，熟练的师傅一般采取经验法，不需要画线；墙面上走管需要开槽，因此，需要弹线定位。

放样定位示意图如图 11-10 所示。

图 11-10　放样定位示意图

11.2.2　开槽工艺

开槽工艺的准备工作及要求一般与电路相似，这里不再赘述。选择暗敷方式铺设给水管时，嵌墙暗管的墙槽尺寸深度为管外径尺寸+20mm，宽度为管外径尺寸+40～60mm；若为两根管道，双槽一般尺寸为100mm。开槽工艺示意图如图 11-11 所示。

图 11-11　开槽工艺示意图

11.2.3　布管工艺

布管是顺着线槽边熔接接头边布管，长直管热熔接头布管示意图如图 11-12 所示。

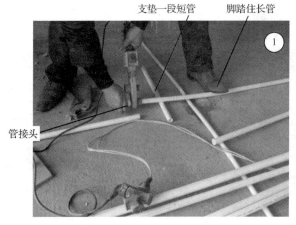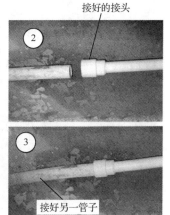

图 11-12　长直管热熔接头布管示意图

拐弯就需要弯头，90°弯头示意图如图11-13所示。

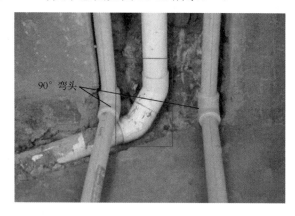

图11-13　90°弯头示意图

两管交叉重叠就需要过桥，过桥的示意图如图11-14所示。

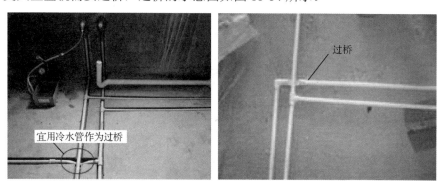

图11-14　过桥的示意图

一排管与水管交叉重叠就需要大过桥，大过桥需要4个45°弯头及一段短管熔接而成，大过桥的制作工艺图如图11-15所示。

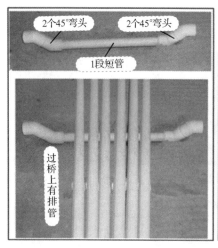
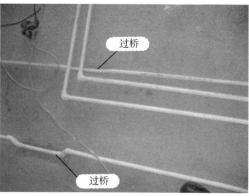

图11-15　大过桥的制作工艺图

两间房地平面有落差时,需要制作落差管道,落差管道由 45°弯头制成,落差管道制作工艺图如图 11-16 所示。

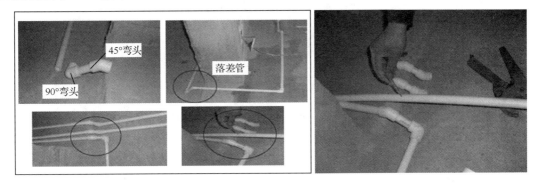

图 11-16 落差管道制作工艺图

布管好的水管管道示意图如图 11-17 所示。

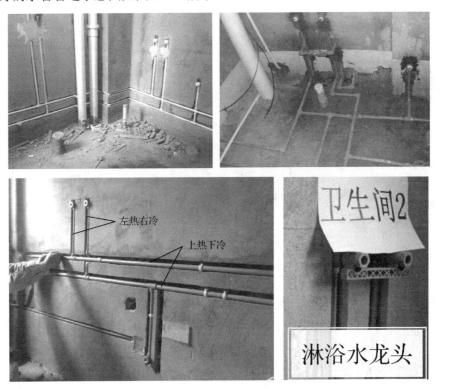

图 11-17 布管好的水管管道示意图

给水管安装完毕后,对于未开槽的管材一般是需要固定的,用管卡固定给水管如图 11-18 所示。

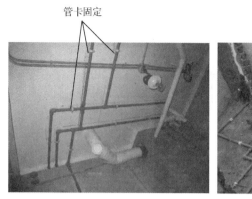 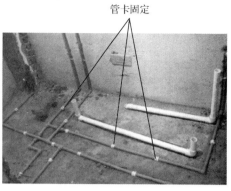

图 11-18　管卡固定给水管

11.2.4　管路封槽

1. 封槽前应画图纸

给水管材槽封槽之前应给业户绘制一张数据图纸，或进行拍照留存，对日后的装修和水路维修有着重大的作用。图 11-19 所示为封槽前、后的图片。

图 11-19　封槽前、后的图片

2. 封槽材料

当管槽的深度大于 30mm 时，就属于深槽。深槽一般要用水泥砂浆来封槽。

深度小于 30mm 一般称为浅槽，浅槽一般用石膏来封槽。封槽工艺可参看本书电路部分（8.2.11 节）的封槽工艺。

3. 封槽注意事项

封槽前一定要打压，测试没有任何渗漏后，才可以封槽。关于打压的工艺可参看后面的内容。

管路封槽示意图如图 11-20 所示。

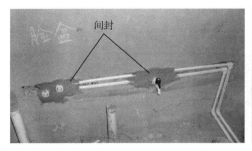
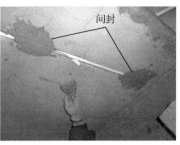

图 11-20 管路封槽示意图

11.3 水龙头的安装

11.3.1 水龙头的分类及规格

按功能分类,主要有饮用、淋浴、浴缸、洗漱盆、洗菜盆等水龙头。

按材料分类,主要有不锈钢、锌合金、塑料、铜、铸铁等水龙头。

按结构分类,主要有单控、双控和三控式等水龙头。单控水龙头只有一个进水口,可接冷水管也可接热水管;双控水龙头有两个进水口,一个进水口接热水管,另一个进水口接冷水管;三控水龙头有两个进水口,两个出水口,多用于淋浴。

按开启方式,主要有扳手式、抬起式、螺旋式、感应式等水龙头。

常见水龙头的类型见表 11-3。

表 11-3 常见水龙头的类型

名 称	图 例	简 介
普通水龙头(单柄单控)		最常见的一种水龙头
洗衣机水龙头(单柄单控或双控)		主要用于接洗衣机的进水管
厨房水龙头(单柄双控)		一个手柄左右方向控制热水、冷水进水
浴室面盆水龙头(单柄双控)	(a) (b) (c)	图(b)所示的水龙头,头部是可以拉出来的,由万向结控制,可以旋转 360°

续表

名　　称	图　　例	简　　介
淋浴花洒水龙头		主要用于淋浴
万向旋转水龙头		主要用于拖把池

11.3.2　水龙头的安装工艺

（1）安装前必须放水冲洗管道，确保将管道内泥沙等杂物冲洗干净。

（2）将水龙头进水口套入装饰盖，在螺纹上缠上生料带，然后旋入安装管口。

（3）打开管道阀门，检查螺纹连接部位是否密封完好，无漏水即为安装成功。水龙头安装工艺如图 11-21 所示。

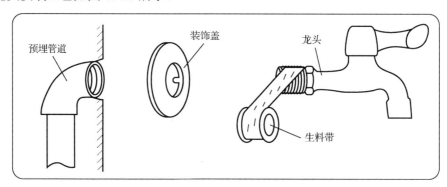

图 11-21　水龙头安装工艺

11.4　卫生洁具的安装

11.4.1　卫生洁具的种类

常用卫生洁具按用途分类，常有以下几种。

1. 盥洗、沐浴类

盥洗、沐浴类主要包括洗脸盆、洗手盆、浴盆、沐浴器、净身器等。

洗脸盆、洗手盆常见的有长方形、三角形、椭圆形等几种造型；安装方式有立式、台式和墙架式等。

盥洗槽常用钢筋混凝土或水磨石类材料建造，多用于公共场所。

浴盆按形式分类主要有圆形、方形、阶梯形和环流形等，长度一般为 1200～1830mm。家庭浴盆安装高度一般为 400～520mm，幼儿园、残疾人等浴盆安装高度一般为 380～450mm，阶梯形浴盆安装高度一般为 750～950mm。

淋浴盆、淋浴器规格有 750～900mm 不等，盆深为 50～200mm。

2. 洗涤类卫生洁具

洗涤类卫生洁具主要包括洗涤盆、污水盆等。

洗涤盆和洗涤池按其安装方式可分为墙架式、台式和柱脚式等；按其构造形式有单格、双格，有带隔板和无隔板等；按制作材料和造型主要有单格和双格，有陶瓷、搪瓷制品和不锈钢制品等，有水磨台板、大理石台板、瓷砖台板或塑料贴面的工作台组嵌成一体。水嘴开关可用手动旋钮、脚踏开关、光控开关等方式。

3. 便溺类卫生洁具

便溺类卫生洁具主要包括大便器、小便器等。

冲水式大便器由便器本体、冲洗设备和水封设备三部分组成。冲水设备包括各种冲洗阀和冲洗水箱两大类。

蹲式大便器由自带存水弯、不带存水弯和自带冲洗阀、不带冲洗阀、水箱冲洗等多种形式。坐式大便器按其结构形式可分为盘形和漏斗形、整体式和分体式；按其安装方式有落地式和壁挂式；按工作原理有直接冲洗式和虹吸式等。

小便器按安装方式主要有立式和挂式等。

4. 休闲、健身类卫生洁具

休闲、健身类卫生洁具主要包括桑拿浴、蒸气浴、水力按摩浴等。

11.4.2 坐式马桶的安装

坐式马桶的外形结构如图 11-22 所示。

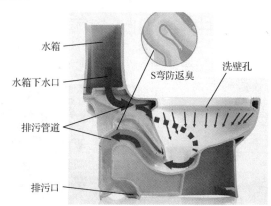

（a）外形　　　　　　　　　　　　　　（b）结构

图 11-22　坐式马桶的外形结构

坐式马桶的安装工艺如下。

1. 确定坑距

如果卫生间的马桶排污管已经安装，需要先测量坑距（排污口中心到墙壁间的距离），根据坑距的数据再选购相应的马桶。坑距测量方法如图 11-23 所示。

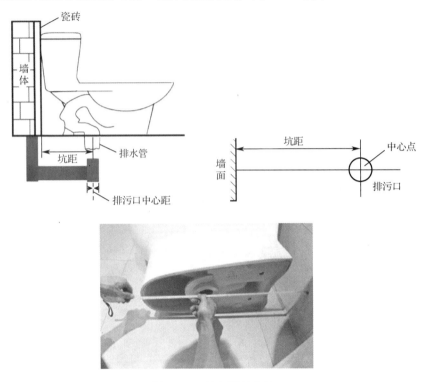

图 11-23　坑距测量方法

2. 初步检查与处理

在安装之前需要保持安装的地面平整、排污管道的畅通。对地面来说，主要查看马桶周围是否水平，该位置左右的地面是否在一条水平线上，如果地面不平，应进行地面找平工序。对管道来说，需要注意排污管道内是否有泥沙、杂物等堵塞，是否顺畅。

排污管口通常都会预留得长一些，安装前应根据马桶的尺寸，将长出的部分剪切掉，如图 11-24 所示，特别需要说明的是，一定要保证排污管高出地面 10mm 左右。

图 11-24　排污管口长出的部分剪切掉

3. 排污口的密封

马桶底部的密封工作，主要是对排污口的密封。一般采用专用的密封工具（密封圈或玻璃胶等）进行底部的密封。将水泥和砂石按照1∶3的比例调试好，在马桶底部进行涂刷，进行密封工作，在涂抹水泥涂料的时候要注意底部左右之间的平衡。之后进行地面上的螺丝和装饰帽的安装和紧固。马桶底部的密封如图11-25所示。

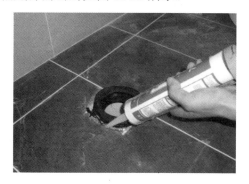

图 11-25 马桶底部的密封

4. 安装数据及材料

马桶安装数据如图11-26所示，安装材料见表11-4。

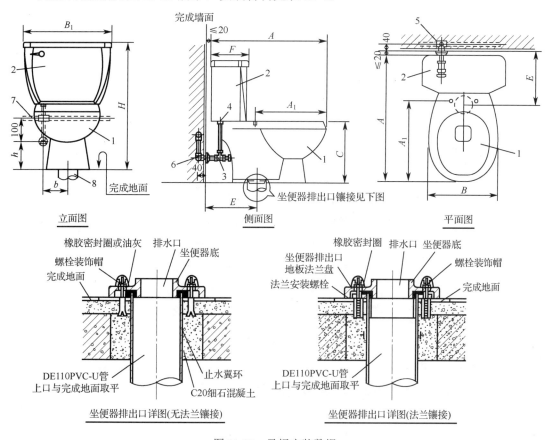

图 11-26 马桶安装数据

表 11-4　马桶安装材料

编　号	名　　称	规　格	材　料	单　位	数　量
1	蹲式大便器	带水封	陶瓷	个	1
2	感应式冲洗阀	DN25		个	1
3	冲洗弯管	DN32	不锈钢管	根	1
4	锁紧螺母		铝合金	个	1
5	冷水管	按设计	PVC-U	个	
6	异径三通	按设计	PVC-U	m	1
7	内螺纹弯头	DE32	PVC-U	个	1
8	排水管	DE110	PVC-U	m	1
9	90°弯头	DE110	PVC-U	个	1
10	90°顺水三通	按设计	PVC-U	m	1

5. 固定马桶底座

确定坐便器底部安装位置，用电钻打好安装孔，并预埋膨胀螺丝。最后用螺丝固定好马桶底座。

6. 安装水箱等配件

水箱是马桶是否漏水的关键，所以，在安装时一定要格外注意水箱的畅通和密封性能。在安装的时候水箱是否畅通可以用放水方式来测试，放水 3～5min 进行冲洗。先检查自来水管，放水几分钟冲洗管道，以保证自来水管的清洁；再安装角阀和连接软管，如图 11-27 所示，然后将软管与安装的水箱配件进水阀连接并接通水源，检查进水阀进水及密封是否正常，排水阀安装位置是否灵活，有无卡阻及渗漏，有无漏装进水阀过滤装置。

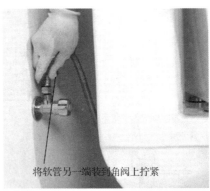

图 11-27　安装软管

7. 玻璃胶封装底座

最后一步是用玻璃胶封装底座，如图 11-28 所示。

图 11-28　玻璃胶封装底座

坐便器安装后应等到玻璃胶（油灰）或水泥浆固化后方可放水使用。安装好后 3 天内不能使用，以目前的水泥凝固速度至少也需要一天的时间不能使用，以免影响其稳固。

第12章 家装供暖工程

12.1 室内采暖系统的种类

采暖就是将热量以某种方式供给建筑物，以保持一定的室内温度。几种常见的采暖系统如下。

1. 热水采暖系统

热水采暖系统按照系统循环的动力可分为自然循环热水采暖系统和机械循环热水采暖系统。

仅依靠自然循环作用压力作为动力的热水采暖系统称为自然循环热水采暖系统。该系统主要由加热中心（锅炉）、散热设备、供水管道、回水管道和膨胀水箱等组成。

机械循环热水采暖系统是依靠水泵提供的动力克服流动阻力，使热水流动循环的系统。它的循环作用压力比自然循环系统大得多，且种类多，应用范围也更广泛。

机械循环热水采暖系统主要由热水锅炉、供水管道、散热器、回水锅炉、循环水泵、膨胀水箱、集气罐、控制附件等组成。

2. 蒸汽采暖系统

蒸汽采暖系统以水蒸汽作为热媒。民用建筑供暖一般采用的是低压蒸汽（低于 0.7MPa）。由于蒸汽供暖存在的问题较多，缺陷明显，现已被淘汰。

3. 辐射及太阳能采暖

辐射采暖是一种利用建筑物内部顶面、墙面、地面或其他材质表面进行采暖的系统，主要是依靠辐射传热的方式放热，使一定空间有足够的热辐射强度，以达到补偿热量的目的。

太阳能采暖分为热水采暖和热风采暖。热水采暖以水作为热媒，热风采暖以空气作为热媒。

12.2 地暖的辅材、配件

12.2.1 地暖的特点

利用被加热的地板表面散热来加热房间的采暖，被称为地板采暖，简称地暖。这种采暖方式在某些场合也叫地板辐射采暖。

1. 卫生、保健、舒适

辐射散热是一种较好的采暖方式，室内地表温度均匀，室温由下而上逐渐递增，给人以舒服的感觉，室内十分洁净，改善人体新陈代谢，可防止因天寒受凉而造成的腿部疾病，对老年和儿童尤为适用。

2. 高效、节能

辐射供暖方式较对流供暖方式的热效率更高，热量集中在人体受益的高度内。热媒低温传输，热量损失小，而且可以克服传统暖气片一部分热量从窗户散失掉影响采暖效果的缺点。

3. 热稳定性好

地面层及混凝土层由于储热惯性大，热稳定性好，因此，在间接供暖的条件下，室内温度变化缓慢。

4. 不占使用面积，运行费用低

室内取消了暖气片等设施，增加了使用面积，便于室内装修及家具的布设。节省电力和燃料，是比较经济的供暖方式。

5. 采暖设备无须任何维护

地暖使用起来极为简单，家庭的每个成员都可随意调整，以获得适宜的温度，且采暖设备无须任何维护。

12.2.2 常用辅材及配件

1. 地暖管材

目前主要用于地暖管材的是 PE-RT 管。地暖管材的特点参看第 11 章的有关内容。

2. 反射膜

反射膜是地暖铺材中的一种，通常是由真空镀铝膜等材料带有彩色印格的聚酯膜和玻璃纤维复合加工而成。反射膜在地暖中的作用主要是防止热量从地下散失，从而有效地提高热量反射和辐射能力，确保室内温度的恒定。反射膜外形如图 12-1 所示。

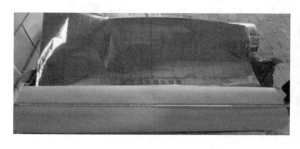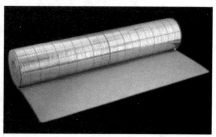

图 12-1 反射膜外形

目前，市场上的地暖反射膜按基材可分为 3 类：一是基膜，二是布基膜，三是保温材料复合膜。

3. 卡钉

塑料卡钉的主要作用是固定地暖管材。安装后对管材不会有影响，同时塑料材质、表面硬度和热膨胀系数相近，不生锈、不硌伤管材。卡钉的外形如图12-2所示。

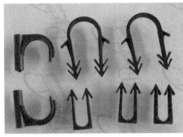

图12-2　卡钉的外形

4. 隔热板

地暖系统的散热量，包括地板向房间的有效散热量和通过楼板向下层房间辐射或沿墙向墙外侧辐射的散热量。为了更有效、更经济地利用地板辐射散热量，应在加热盘管层的下面及沿外墙的周围设置隔热板，以减小热损失。隔热层一般采用聚苯乙烯泡沫塑料板，也可用聚氨酯复合材料。隔热板的外形如图12-3所示。

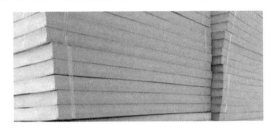

图12-3　隔热板的外形

目前有一种新式"薄型免回填干式地暖模块"是隔热板的替代材料。这种地暖模块不需要反光膜，其上面有沟槽、有铝箔，地暖模块如图12-4所示。

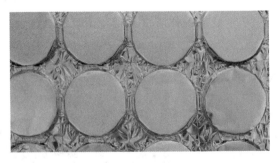

图12-4　地暖模块

5. 塑料弯管卡

分水器下面的拐弯处要使用塑料弯管卡，塑料弯管卡由护弯和套环两部分组成，其外形结构如图12-5所示。

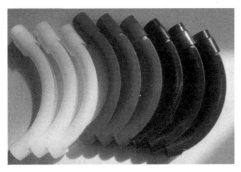
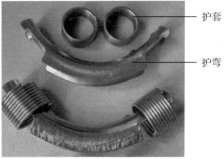

图12-5　塑料弯管卡的结构

6. 放管器

放管器可以防止放管时管材被拉乱，其外形结构如图12-6所示。有些熟练工或铺设管材少时是不用这个的。

图12-6　放管器

12.2.3　分水器

地暖分、集水器是水系统中，用于连接各路加热管供、回水的配、集水装置，按进回水分为分水器、集水器，所以称为分集水器或集分水器，俗称分水器。其功能包括增压、减压、稳压、分流。分水器的外形结构图如图12-7所示。

从功能和结构上来分，集、分水器分为3种类型：基本型、标准型和功能型。

基本型：由分水干管和集水干管组成。在分集水干管的每个分支口上装有球阀，同时分集水干管上分别装有手动排气阀。基本型分水器不具备流量调节功能。

标准型：标准型集分水器结构上与基本型相同，只是将各干管上的球阀由流量调节阀取代。将两干管上的手动排气阀由自动排气阀取代。标准型集、分水器可对每个环路的流量进行精密调节，豪华标准型集、分水器的流量调节可实现人工智能调节。

功能型：功能型集分水器除具备标准型集、分水器的所有功能外，同时还具有温度、压力显示功能、流量自动调节功能、自动混水换热功能、热能计量功能、室内分区温度自动控制功能、无线及远程遥控功能等。

为防止锈蚀，集、分水器一般采用耐腐蚀的金属或合成材料制成。常用的材料有铜、不锈钢、铜镀镍、合金镀镍、耐高温塑料等。集、分水器（含连接件等）的内外表面应光洁，不得有裂纹、砂眼、冷隔、夹渣、凹凸不平等缺陷，表面电镀的连接件，色泽应均匀，镀层牢固，不得有脱镀的缺陷。

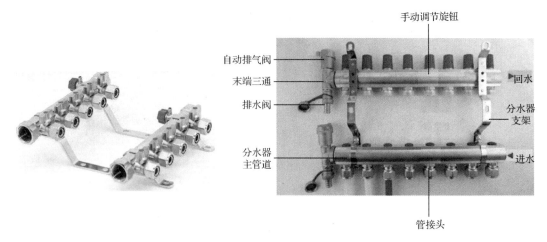

图 12-7　分水器的外形结构图

分水器一般为上接供气管，下接回气管。把供气管与分水器进行连接，使其形成供气回路。分水器与管路连接如图 12-8 所示。

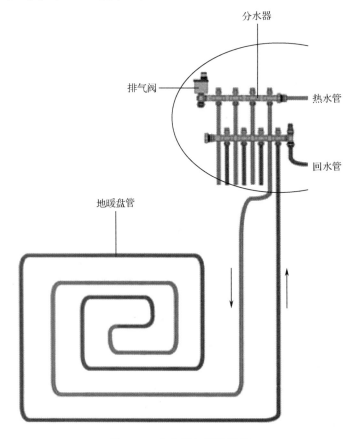

图 12-8　分水器与管路连接

12.3 隔热板地暖布管流程工艺

家装隔热板地暖布管流程工艺图如图 12-9 所示。

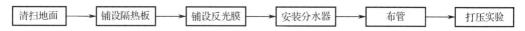

图 12-9　家装地暖布管流程工艺图

地热层剖面图如图 12-10 所示。从图中可以看出，地暖主要由结构层、水泥砂浆找平层、绝热保温层、地暖管层、塑料卡钉、混凝土层及地面装饰层等组成。

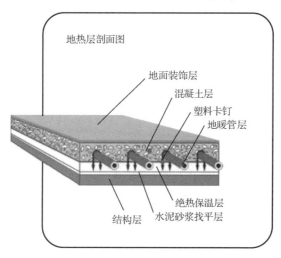

图 12-10　地热层剖面图

12.3.1　准备工作

准备好隔热板、地热反射膜、塑料卡钉、分水器、刀子、打压机等，如图 12-11 所示。

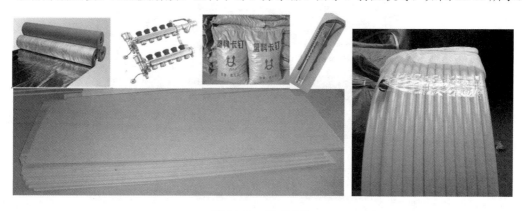

图 12-11　准备工作

在布管前一定要打扫好房间的地面卫生，杂物可装袋，但暂时不要放于房间外，因为在布管过程中要使用，如图 12-12 所示。

图 12-12　打扫房间

12.3.2　铺设隔热板

在铺设隔热板之前要对房间四周的墙面用隔条板隔离，先裁隔条板，用大块隔热板做尺子进行划割隔条板，隔条板宽度为 4～5cm。裁隔条板如图 12-13 所示。

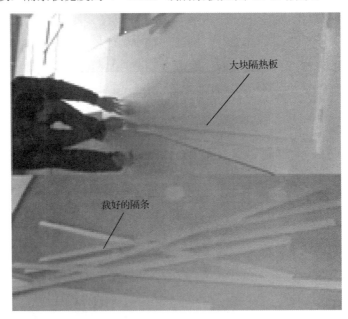

图 12-13　裁隔条板

先铺设隔条板，再铺设大块隔热板。铺设隔热板示意图如图 12-14 所示。

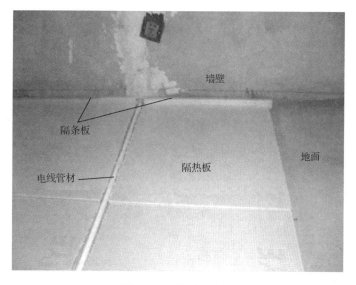

图 12-14 铺设隔热板

当两块重叠时,上块压下块,用刀子划掉下块,如图 12-15 所示。

图 12-15 裁切隔热板

当遇到水管或电线管时,隔热板放在上面,刀子跟着感觉划,铺出来就会严丝合缝,如图 12-16 所示。

图 12-16 遇到水管或电线管时划断隔热板

对于各种管子集中的地方,要仔细铺设,保持铺后整体平整,如图 12-17 所示。

图 12-17　铺设隔热板前后的对比

整个房间铺设完隔热板的效果图如图 12-18 所示。

图 12-18　整个房间铺设完隔热板的效果图

12.3.3　铺设反光膜

在铺设反光膜之前，首先清理好隔热板上面的杂物，然后用脸盆均匀地向隔热板上洒清水，洒水的目的是提高反光膜的附着力，便于下一步的操作，如图 12-19 所示。

图 12-19　铺设反光膜之前洒水

铺设时，一人固定住反光膜的一端，另一人铺设反光膜，若发现有不平之处，用笤帚轻轻扫平即可，直到整个房间铺完为止，如图 12-20 所示。

图 12-20　整个房间铺设反光膜

12.3.4　安装分水器

安装分水器前需准备生胶带、麻丝、扳手、分水器、阀门、压力表、热熔机等。

1. 安装接头

进水管、回水管各有一个接头，首先用麻丝缠绕，然后用生料带缠绕接头，最后用扳手拧紧接头，如图 12-21 所示。

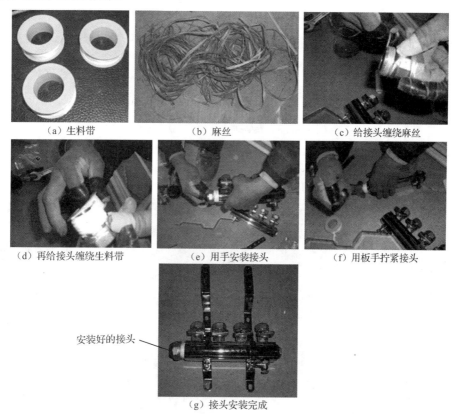

图 12-21　安装接头

2. 安装阀门

安装阀门也同样需要麻丝和生料带缠绕（以下接头相同）。回水管接头安装阀门如图 12-22 所示。

图 12-22　回水管接头安装阀门

3. 安装进水管阀门、压力表

安装进水管阀门、压力表，如图 12-23 所示。

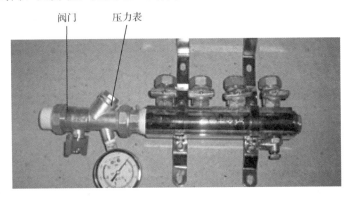

图 12-23　安装进水管阀门、压力表

4. 安装支架

安装支架示意图如图 12-24 所示。

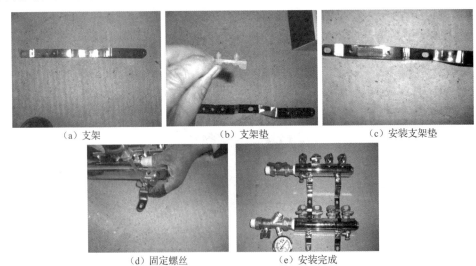

图 12-24　安装支架示意图

5. 墙壁上安装分水器

在墙壁上定位打孔,安装膨胀螺丝,固定好分水器,如图 12-25 所示。

图 12-25 在墙壁上安装分水器

6. 分水器接入供暖管道

把分水器的两个接口接入供暖管道,如图 12-26 所示。

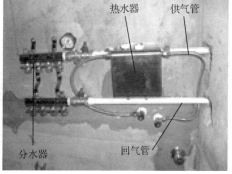

(a)用扳手拧紧接头螺丝　　　　　　　　(b)安装完成

图 12-26 分水器接入供暖管道

12.3.5 布管工艺

1. 布管前的工作

布管前,先打开 PE-RT 管的外包装,检查一下它是否有破损之处、质量是否合格,如图 12-27 所示。

图 12-27 布管前先检查管是否有破损之处、质量是否合格

提前洒落固定卡是为了方便后期操作，这样可以随用随拿，如图12-28所示。

图 12-28　提前洒落固定卡

2. 考虑房间的盘管方法

盘管方法一般有两种："回"字形盘管法和双U形盘管。

"回"字形盘管法使热水管绝大部分只弯曲 90°，材料所受弯曲应力减少，水流减少了阻力。并且，高温的进水管和低温的回水管有序地间隔排列，使每个区域的温度都一样。推荐使用这个盘管方法。"回"字形盘管法如图12-29所示。

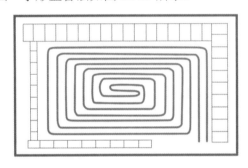

图 12-29　"回"字形盘管法

双"U"形盘管相对于"回"字形盘管法，180°转弯的地方较多，适合于长条形的房间。双U形盘管法如图12-30所示。

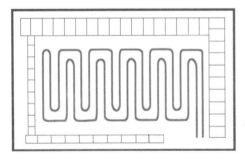

图 12-30　双U形盘管法

3. 塑料弯管卡安装的操作

塑料弯管卡安装的操作步骤如图12-31所示。

安装方法如下:

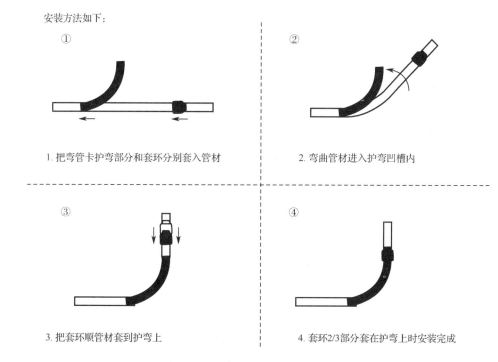

图 12-31 塑料弯管卡安装的操作步骤

4. 连接第一路接头

分水器一般设置在卫生间,这里采用的是"四分水器",第一路供主卧室,第二、三路供客厅及阳台,第四路供次卧室。图 12-32 所示为第一路接头。

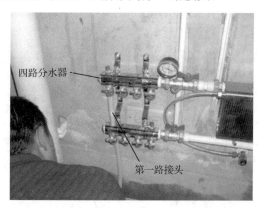

图 12-32 地暖管先与分水器连接

分水器下面的拐弯处要使用弯管卡,用弯管卡对分水器下方的管材弯曲定位,彻底解决了管材死折、回弹等问题。弯管卡固定管路如图 12-33 所示。

5. 布管

反光膜方格上的数值表示间距,每格间距为 10cm,来回盘管各间距为 50cm,其中,来时盘管间距为 100cm,回时盘管间距为 50cm,反光膜规格如图 12-34 所示。

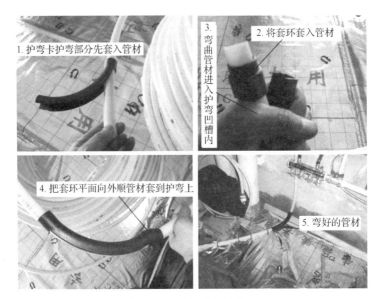

图 12-33　弯管卡固定管路

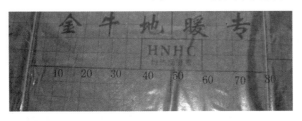 

图 12-34　反光膜上有刻度

主卧室的盘管布局工艺如图 12-35 所示。

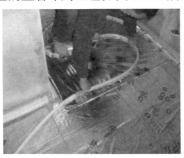 

图 12-35　盘管布局工艺

为防止拐弯处拱起，要用重物体压住，如图12-36所示。

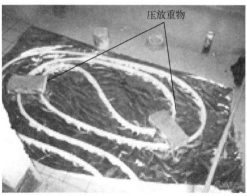

图12-36　防止拐弯处拱起，用重物体压住

盘管完成后，回来的管子应接到回水管上，如图12-37所示。

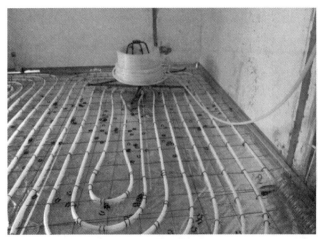

图12-37　回来的管子应接到回水管上

两个卧室盘好管子的情景如图12-38所示。

主卧室盘管实景　　　　　　　　主卧室盘管实景

图12-38　卧室盘好管子的情景

客厅与阳台盘好管子的情景如图12-39所示。

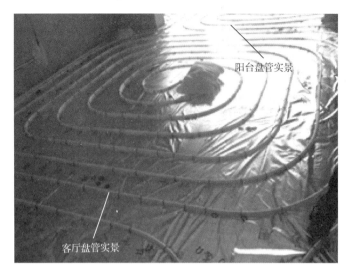

图 12-39　客厅与阳台盘好管子的情景

分水器下方塑料弯管卡的效果图和卫生间门口的出口处的盘管工艺，如图 12-40 所示。

分水器下方弯管卡实景　　　　　　　卫生间门口处盘管实景

图 12-40　卫生间两处的盘管工艺

盘管工艺及精美布局图如图 12-41 所示。

图 12-41　盘管工艺及精美布局图

图 12-41　盘管工艺及精美布局图（续）

6. 检查管路

盘管完成后,仔细检查一下有没有损坏或工艺缺陷之处,为打压做好准备工作,如图 12-42 所示。做这种工程,一定要保障地下盘管无漏点,因为垫层下一旦漏水,将产生极为严重的后果。

图 12-42　检查管路

12.3.6　打压工艺

1. 供气单位管网的引入

供气单位引入房间的供气管一般为长管供气,短管回气,如图 12-43 所示。

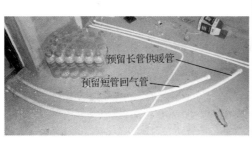 

图 12-43　供气管与分水器连接

2. 地暖管网打压

1）给地暖管网注水

在水暖装修时，一般情况下业主的暖气还没有供暖，但水管一般是供水的，因此，打压一般是用自来水进行的。

通过连接接头把自来水引至供水口，关闭供水总阀、排水（回水）总阀，关闭供水排气阀，打开回水排气阀，关闭所有回路分支阀、供路分支阀。打开供路分支阀的一路，然后打开自来水阀门，直到回水排气阀有自来水流出，表明该支路盘管已经注满了水。此后，用此方法逐次给余下的支路盘管注满水，最后关闭回水排气阀。地暖管内注水示意图如图 12-44 所示。

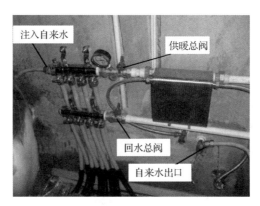

图 12-44　地暖管内注水示意图

切记：这一部分管路连接时一定要密封加上垫圈，也可以用生料带缠绕几圈，否则容易漏水。

2）打压机水箱注水

打压机的水箱注满自来水，最后用扳手拧紧各阀门及堵头等，如图 12-45 所示。

3）打压

打压机的软管一端连接在打压机，另一端连接在地暖管网上。然后将加力杆上下摇动，开始试压加压。

一般地暖打压为 8 个标准大气压（atm），观察压力表，保持 10min 不下降，表明没有渗漏。经业主验收，就可以交工了。打压示意图如图 12-46 所示。

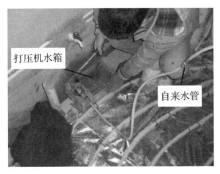

(a)打压机的水箱注水　　　　　　(b)扳手拧紧各阀门

图 12-45　打压机的水箱注水及检查阀门

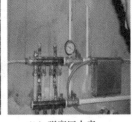

(a)打压　　　　　　(b)观察压力表

图 12-46　打压示意图

12.3.7　水泥、砂浆回填

地暖加热盘管之上，起保护作用和使地面温度均匀辐射的填充层通常为水泥砂浆，为了防止水泥砂浆在冷、热状态下产生伸缩裂缝，破坏构造层，一般应在加热盘管敷设面积大于 $30m^2$、长边大于 6m 时，设置伸缩缝，伸缩缝的间距应小于或等于 6m，缝宽应大于或等于 5mm，缝内应填充弹性膨胀性材料。实践证明，设置保护层伸缩缝对避免保护层出现裂纹有很大的帮助。水泥砂浆回填如图 12-47 所示。

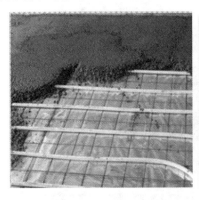

图 12-47　水泥砂浆回填

12.4 模块地暖布管流程工艺

模块地暖布管流程工艺与隔热板地暖布管流程工艺基本相似,唯一不同之处是这种布管是不用管卡和反光膜的,相同之处的工艺不再赘述。

模块地暖布管流程工艺如图 12-48 所示。

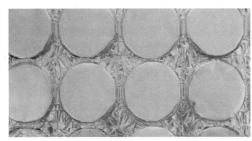

(a)房间地面清理干净后,铺地暖模块

(b)布管

图 12-48 模块地暖布管流程工艺

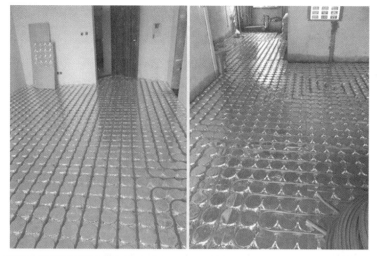

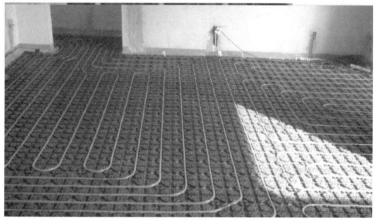

（c）布管效果图

（d）铺地板后效果图

图 12-48　模块地暖布管流程工艺（续）

参考文献

[1] 王学屯，等.家装电水暖工技能边学边用[M].北京：化学工业出版社，2015.
[2] 王学屯.电工电路识图咱得这么学[M].北京：机械工业出版社，2017.
[3] 王学屯，等.家装电工[M].北京：电子工业出版社，2013.
[4] 王学屯，等.电工识图边学边用[M].北京：化学工业出版社，2015.
[5] 王学屯，等.电工技能边学边用[M].北京：化学工业出版社，2016.
[6] 王岑元，等.建筑装饰装修工程水电安装[M].北京：化学工业出版社，2006.
[7] 刘兵，等.建筑电气与施工用电[M].北京：电子工业出版社，2011.
[8] 武峰，等.CAD室内设计施工图常用图块[M].北京：中国建筑工业出版社，2009.
[9] 本书编委会.怎样识读建筑工程图[M].北京：中国建筑工业出版社，2016.
[10] 赵德申.建筑电气照明技术[M].北京：机械工业出版社，2003.
[11] 叶萍.家装水电改造600招[M].北京：中国电力出版社，2017.
[12] 武鹏程.家装电工边学边用[M].北京：中国电力出版社，2015.
[13] 郭超.图解水暖工技能速成[M].北京：化学工业出版社，2016.
[14] 蔡杏山.彩图详解家装水电工技能[M].北京：中国电力出版社，2016.